Alligatoren und Krokodile

Malcolm Penny

Alligatoren und Krokodile

Aus dem Englischen übersetzt
von Christoph Arndt

C. Bertelsmann

Originaltitel: Alligators & Crocodiles
Originalverlag: Boxtree Limited, London

1. Auflage

Original Edition published in the UK 1991 by
Boxtree Limited, 36 Tavistock Street, London WC2E 7PB

Buchgestaltung: Anness Publishing Limited, London
Satz: Max Vornehm, München
Printed in Hongkong
ISBN 3-570-01480-0

Bildnachweis

Der Verlag dankt Ardea London Limited für die freundliche Überlassung der Fotos:

All pictures courtesy of Ardea London Ltd.: Jack Bailey 40; Ian Beames 56, 59, 65, 78 oben, 106; Hans & Judy Beste 19; Donald D. Burgess 100; M.D. England, 60, 61 oben; Jean-Paul Ferrero 14, 85, 86, 94, 95, 97, 107, 121 oben; Kennith W. Fink 25, 51, 101, 114, 117; Bob Gibbons 89 oben; Francois Gohier 70, 99, 103, 112 oben; Nick Gordon 8, 46, 47, 71, 76, 108, 119; Martin W. Grosnick 35, 49, 126; Joanna van Gruisen 28, 44 unten; 45, 54, 74, 75, 80–84; Masahiro Iijima 73, 98; M. Krishnan 66; J.M. Labat 67 unten; Keith & Liz Laidler 87, 118; E. Lindgren 48, 123; John Mason 55, 67 oben, 68, 69 122, 124; Pat Morris 44 oben, 89 unten, 110 oben, 125, 127; D. Parer & E. Parer-Cook 121 unten; Tomistoma Schlegeli 88; Peter Steyn 52, 53; John E. Swedberg 50, 102, 116; Ron & Valerie Taylor 96; Balaram Thapa 115; McDougal Tiger-Tops 104, 105, 112 unten; Richard Waller 78 unten; Adrian Warren 42, 43, 58, 61 unten, 62, 63, 64 oben, 72, 90, 92, 93, 110 unten, 111, 113, 120; C. Weaver 64 unten; Alan Weaving 79; Wardene Weisser 11.

Inhalt

Vorwort

Eines Morgens ritt ich mit Beginn der Dämmerung auf einem Elefanten durch den Chitwan-Nationalpark in Nepal und hielt nach Panzernashörnern Ausschau. Wir gelangten zum Fluß Rapti, der an dieser Stelle breit und flach war, um ihn zu durchqueren. Doch mein Elefant blieb plötzlich zitternd stehen, unfähig noch einen Schritt weiterzugehen. Selbst als der Mahout, der Treiber, den Kopf des Tieres mit einem eisernen Stock traktierte, spannte es lediglich all seine Muskeln an und trompetete gellend mit seinem erhobenen Rüssel. Der Mahout sagte eines der wenigen Wörter auf nepalesisch, die ich verstand: »Mugger« – »Räuber«. Damit meinte er das Indische Sumpfkrokodil.

Obwohl sie ihnen kaum gefährlich werden können, fürchten sich Elefanten sehr vor Krokodilen. Unser Dickhäuter stapfte erst ins Wasser, nachdem der Mahout das Reptil mit ein paar Erdklumpen vertrieben hatte und dessen dunkle Silhouette flußabwärts verschwunden war. Was die Angst vor Krokodilen anbelangt, sind wir Menschen also nicht allein.

Ein paar Monate später stand ich zusammen mit einigen Touristen in den Everglades-Sümpfen Floridas auf einem Holzsteg und betrachtete eine Gruppe dösender Alligatoren. Einer von ihnen glitt lautlos ins Wasser und verschwand, ohne daß sich das Wasser auch nur kräuselte. Fasziniert beugten wir uns über das sichere Geländer, um ihn mit unseren Blicken zu verfolgen.

Diese Mischung aus Angst und Faszination ist es, welche die Menschen magisch anzieht und die Krokodile gedankenversunken betrachten läßt. Der Lohn für eine nähere Beschäftigung mit dieser alten Reptiliengruppe ist das Erleben einer prähistorischen Welt.

Malcolom Penny

Einführung

Hätten die Krokodile nicht bis in unsere Gegenwart überlebt, ihre fossilen Überreste wären ein ebenso verwirrendes Rätsel gewesen wie diejenigen ihrer engen Verwandten, der Dinosaurier. Doch sie haben überlebt, was uns einen Einblick in eine jahrmillionenalte tierische Lebensweise verschafft, die sich auch heute noch, in einer von Säugetieren beherrschten Welt, zu behaupten vermag.

Ihren Erfolg verdanken sie nicht zuletzt ihrer enormen Größe: Sie sind Archosaurier, die letzten der »herrschenden Reptilien«. Ihr Anblick macht uns schaudern, und einige Arten gehören zu jenen wenigen Tieren, zu deren Beute auch Menschen zählen. Mythen und Legenden ranken sich um sie; seit vielen Jahrhunderten werden sie verfolgt – oder verehrt. Die moderne Biologie hat Verhaltensweisen von ihnen aufgedeckt, die sich angesichts ihrer Vorfahren nur schwer vorstellen ließen: Sie können ihrem Partner und dem Nachwuchs gegenüber sanft, ja sogar sinnlich sein.

Auf den folgenden Seiten sollen die Evolution der Krokodile sowie Verhaltensmuster und Unterschiede zwischen den einzelnen Arten untersucht werden. Sie bieten eine gründliche Einführung in die komplexe und oft mißverstandene Welt der Alligatoren und Krokodile.

Krokodile
Von Riesen und Drachen

Die Krokodile zählen zu einer Ordnung der Reptilien, welche Alligatoren, Gaviale und Echte Krokodile umfaßt. Sie sind die letzten Überlebenden der großen Gruppe »herrschender Reptilien«, der Archosaurier. Von ihren ausgestorbenen Verwandten sind die gewaltigen Dinosaurier die bekanntesten. Alle stammen von gemeinsamen Vorfahren, den Thecodonten, ab, die ihre Blütezeit vor 225 Millionen Jahren in der Untertrias erlebten. Fossile Zeugnisse belegen, daß sich die heutigen Krokodile seit ihrem ersten Erscheinen vor rund 160 Millionen Jahren nur sehr wenig verändert haben, obgleich damals die Zahl der Riesenreptilien in unerklärlicher Weise zunahm. Als dieser Anstieg mit dem Ende der Kreidezeit vor etwa 65 Millionen Jahren zum Erliegen kam und die übrigen Archosaurier verschwanden – ein ebenso unerklärliches Phänomen –, vermochten die meisten Krokodile zu überleben. Sie sind die größten lebenden Reptilien der Welt, furchterregend und weithin gefürchtet.

Kaltblütiger Horror

In der Kombination von Riesenwuchs und kaltem Blut liegt etwas, das uns Menschen Furcht einflößt. Elefanten oder Gorillas sind größer, jedoch sind sie Säuger wie wir, intelligent, mit einem Familienleben. Selbst Löwen und Tiger gelten nicht als so gefährlich: Nach Verfolgung durch Generationen von Jägern meiden sie bis auf wenige kranke oder verwirrte Individuen die Nähe des Menschen. Wir staunen über die Intelligenz der Wale, deren sanftes Verhalten viele Berichte belegen. Doch Krokodile kennen keine Angst, und abgesehen von ihrem Brutpflegeverhalten benehmen sie sich alles andere als sanft. Sie sind Raubtiere mit einer relativ beschränkten Intelligenz, und wenn sie etwas Freßbares sehen, holen sie es sich – ob es nun vier oder zwei Beine hat. Das Grauen, das der Großteil der menschlichen Spezies ihnen gegenüber empfindet, hat bei mehreren Arten fast zu deren Ausrottung geführt.

Alt oder modern?

Sie mögen zwar alter Abstammung sein, doch im Vergleich zu anderen Reptilien sind Krokodile nicht primitiv. Sie verfügen über ein hochentwickeltes und spezielles Atemsystem. Die Nasenlöcher befinden sich ganz vorn auf der Schnauze. Dadurch vermag das Tier zu atmen, wenn der restliche Körper unter Wasser verharrt – eine wichtige Tarnhilfe bei der Jagd. Eine Art zweiter Gaumen und ein Hautlappen an der Zungenwurzel gestattet es den Tieren, die Luftröhre abzudichten und so das Maul zum Packen der Beute unter Wasser zu öffnen. Sie besitzen eine dem Zwerchfell der Säugetiere recht ähnliche Scheidewand, welche die Brust- von der Bauchhöhle trennt. Diese Scheidewand kann über einen Muskel bewegt werden, wodurch den Krokodilen eine effizientere Atmung als anderen Reptilien ermöglicht wird.

Auch das Herz der Krokodile weist mehr Säuger- als Reptilienmerkmale auf, was ihnen zu einem leistungsfähigeren Kreislaufsystem verhilft. Das Herz der meisten Reptilien ist in drei Kammern aufgeteilt. Mit Sauerstoff angereichertes Blut von den Lungen und sauerstoffarmes Blut aus den Muskeln und den inneren Organen gelangen in getrennte Herzvorhöfe und vermischen sich dann in einer gemeinsamen Hauptkammer. Als Folge davon ist ein Teil des Blutes, das in den Körperkreislauf gepumpt wird, sauerstoffarm, da nicht das gesamte Blut in den Lungen wieder mit Sauerstoff aufgefüllt wird. Beim Krokodilherz ist die Hauptkammer durch eine Scheidewand zweigeteilt, so daß sauerstoffarmes Blut nur zu den Lungen gelangt, während sauerstoffreiches Blut ausschließlich in den Kreislauf gepumpt wird.

Diese Besonderheiten machen Krokodile für Biologen besonders interessant. Als die einzigen lebenden Verwandten der Dinosaurier liefern sie einen Schlüssel hinsichtlich des Anpassungsvermögens, das den Urweltriesen über einen gewaltigen Zeitraum in der Geschichte der Tierwelt zu einem derartigen Erfolg verhalf.

Drachen aus fernen Ländern

Nachdem die ersten Reisenden aus Ägypten nach Griechenland und Rom zurückkehrten, machten Geschichten über diese mächtigen Raubtiere die Runde. Obwohl die Berichte auf Tatsachen beruhten, schenkte man ihnen nur wenig Glauben, was den Krokodilen wiederum zu legendärem Ruhm verhalf. Es kann nicht lange gedauert haben, bis man sich aufgrund der Mythenbildung alter Legenden an andere Riesenreptilien erinnerte, die nicht Reiseberichten, sondern der Phantasie der Geschichtenerzähler entstammten oder gar irgendwelchen alten Sagen aus einer Zeit, als es in Europa und Nordamerika noch reichlich Krokodile gab – und so erlebten die Drachen eine Renaissance.

Lange vor den Griechen und Römern verfügten die Ägypter an der Wiege ihrer Kultur, den Ufern des Nils, über ein exzellentes Wissen, was die Krokodile betraf. Sie behandelten die Tiere mit Ehrfurcht, und schon bald reihten sie auch einen Krokodilgott, Sebek, in ihren Pantheon ein. Sebeks Verkörpe-

Der kalte, maskenhafte Blick eines Mississippi-Alligators. Wegen ihrer im Vergleich zu Säugetieren beschränkten Intelligenz empfindet man Krokodile als furchtlose Kampfmaschinen von enormer Größe und Kraft. Als solche wecken sie bei Menschen panische Angst und den Drang, sie auszurotten.

rung auf Erden waren einige heilige Exemplare, die von Priestern mit Kuchen und Wein verwöhnt wurden. Die Kadaver wurden nach dem Tod der Echsen einbalsamiert und in geweihter Erde bestattet. Herodot (etwa 490–430 v. Chr.) und Strabon (etwa 63 v. Chr. – um 20 n. Chr.) erwähnten die heiligen Krokodile in ihren Reiseberichten.

Die »Bestiaristen« des Mittelalters, die sich mit derartigen Beschreibungen befaßten, waren keine Märchenerzähler, sondern ernsthafte Gelehrte, die sich in ihrer Arbeit jedoch ausschließlich auf Texte stützten. Sie schilderten Drachen als riesige Reptilien und dichteten ihnen oft außerordentliche Schlauheit und Kraft an, genug, um einen Elefanten zu überlisten und zu töten. Drachen, so hieß es, lebten »in Äthiopien und Indien, an Orten von ewiger Hitze«. Tatsächlich wurden geographische Karten jener Länder oft mit der furchterregenden Inschrift »Hier hausen Drachen« versehen.

Den gleichen Tierkundlern waren Krokodile aus ihren Studien der Klassik geläufig. (Die Römer hatten für ihre Zirkusspiele Krokodile gefangen, meist am Unterlauf des Nils.) Ein solcher Gelehrter beschrieb ein Krokodil als »mit schrecklichen Zähnen und Klauen bewaffnet«; er wußte, daß die Reptilien ihre Eier im Sand ausbrüteten, daß sie amphibisch lebten und einen gepanzerten Rücken hatten. Und trotzdem überlebten Drache und Krokodil jahrhundertelang einträchtig Seite an Seite, weil sich in jenen Tagen die Zoologie nahezu ausschließlich auf die Aufzeichnungen früherer Geschichtsschreiber sowie die Untersuchung der oft schon lange Zeit zuvor von Reisenden aus fernen Ländern mitgebrachten Fundstücke stützte. Neuere Studien haben den Drachen ins Reich der Fabeln und Sagen verwiesen – wo er auch hingehört – und dem Krokodil als letztem lebenden Verwandten der Dinosaurier seinen gebührenden Platz im Tierreich zugeteilt.

Evolution der Krokodile
Die Fossilbelege

Der Paläontologe Rodney Steel schrieb 1989 über Krokodile: »Hätten sie es nicht geschafft, bis in die Neuzeit zu überleben, wären ihre versteinerten Knochen ebenso eine Quelle von Mutmaßungen und Spekulationen gewesen wie die Skelette ihrer nahen Verwandten, der Dinosaurier.« Die Fossilbelege von Krokodilen sind in der Tat sehr umfangreich und vollständig und ihre Überreste Steel zufolge leichter auszuwerten als die anderer Archosaurier, weil es mehrere lebende Arten gebe, die Vergleiche ermöglichten.

Die frühesten Krokodile – also die, deren Blütezeit mit jener der Dinosaurier zusammenfiel – waren etwas primitiver als die heutigen. Obwohl während dieser Periode auch schon Krokodile des modernen Typus existierten, waren sie in der Minderzahl. Im Unterschied zu den heutigen Eusuchia – Echte oder Vollkrokodile – bezeichnet man die damals vorherrschende Gruppe als Mesosuchia: Altkrokodile.

Beide Gruppen weisen nur unwesentliche Merkmalsverschiedenheiten auf, doch diese distanzieren eindeutig die ältere Form, die so lange dominieren konnte, von den neuen, deren Zeit noch kommen sollte. Die Mesosuchia hatten einen Sekundärgaumen, dessen hinterer Teil nicht aus Knochen, sondern aus Knorpel bestand, und eine im Vergleich zu modernen Krokodilen schwächere Wirbelsäule. Zum Teil wiesen sie primitive Schädelmerkmale wie einen hervorstehenden Knochenwulst hinter dem Auge auf; anderen fehlte die knochige, Ohr und Schlund verbindende Eustachische Röhre, welche jedem heutigen Krokodil gemein ist.

Dennoch war allen ein Merkmal zu eigen, das sie mit den Thecodonten, den fernen gemeinsamen Vorfahren aller Krokodile, Dinosaurier und Vögel, verbindet: die Art, wie die Füße an den Beinen angewachsen sind.

Der Thecodontenknöchel

Bei den meisten Reptilien bewegen sich die beiden oberen Knöchelknochen, Calcaneus (Fersenbein) und Talus (Sprungbein), mit den darüberliegenden langen Knochen, Tibia und Fibula (Schienbein und Wadenbein). Bei Krokodilen – und Thecodonten – verläuft das Gelenk zwischen den beiden oberen Knochen, so daß das Fersenbein einen Teil des Fußes bildet. Eine Ausbuchtung am Sprungbein paßt in eine Vertiefung des Fersenbeins und formt ein Gelenk, das die starken Drehbewegungen beim »Schnellgang« (siehe Abschnitt »Fortbewegung«, Seite 15) kompensiert. Es mag dieser scheinbar unbedeutende Unterschied zu anderen Reptilien gewesen sein, der den Mesosuchia jenen Vorsprung verschaffte, aufgrund dessen sie die Krokodilszene beherrschen konnten, bis sie vor rund sechzig Millionen Jahren von den höher entwickelten Eusuchia abgelöst wurden.

In der ausgehenden Trias fanden sich unter den Krokodilen einige flinke, landlebende Beutejäger. Ein solcher war *Terrestrisuchus* aus der englischen Obertrias. Er hatte lange, schlanke Rennbeine mit kurzen Klauen. Dies läßt vermuten, daß er seine Beute mit den Kiefern packte. Ein weiterer Vertreter war *Ticinosuchus*, der über sechs Meter lang wurde. *Desmatosuchus* aus dem Gebiet der heutigen amerikanischen Südstaaten sah zwar schon ziemlich wie ein modernes Krokodil aus, doch lassen seine einfachen Zähne auf vorwiegend pflanzliche Nahrung schließen.

Ein geheimnisvoller Riese

Neben jenen Krokodilen, bei denen sich eine eindeutige Verwandtschaft zu modernen Arten nachweisen läßt, lebten noch andere Nachfahren der Thecodonten: die Phytosaurier. Obwohl sie auf den ersten Blick modernen fischfressenden Krokodilen wie dem Gavial glichen, saßen bei den Phytosauriern die Nasenlöcher weit hinten auf der Schnauze – ein Indiz, daß sie nicht so gut an eine amphibische Lebensweise angepaßt waren.

Das größte bekannte fossile Krokodil trägt den Namen *Deinosuchus* – deutsch: »Schreckliches Krokodil«. Man fand es in den siebzig Millionen Jahre alten Fossilienschichten der nordamerikanischen Oberkreide in Montana, Texas, Delaware und Georgia. Sein Unterkiefer ist zwei Meter lang, die Gesamtlänge muß etwa fünfzehn Meter betragen haben; und das Gewicht wurde auf über sechs Tonnen geschätzt. In der Umgebung der Skelette stießen Paläontologen auch stets auf Überreste von Dinosauriern, insbesondere von pflanzenfressenden Hadrosauriern. Vor der Entdeckung dieser Riesenknochen kursierte die Auffassung, die Hauptfeinde der Hadrosaurier seien die Tyrannosaurier gewesen, die größten landbewohnenden Räuber der Erdgeschichte. Nun scheint es, als wären sie auch von Krokodilen erbeutet worden, neben denen sich heutige Leistenkrokodile – die größten landlebenden Fleischfresser der Gegenwart – wie Jungtiere ausnehmen.

Ein Klimawechsel

Am Ende der Kreidezeit vor rund fünfundsechzig Jahrmillionen kam es plötzlich zu einem weltweiten Massensterben. Die Dinosaurier verschwanden in einem winzigen Moment der geologischen Zeitskala – es mögen wohl einige Millionen Jahre gewesen sein, obwohl manche Wissenschaftler die These vertreten, daß sich der Untergang in kaum mehr als einem Jahrhundert vollzog. Was diese Katastrophe ausgelöst hat, entzieht sich unserer Kenntnis, doch die diesbezüglichen Theorien gehen vielfach von einem verheerenden Ereignis wie etwa dem Aufprall eines Riesenmeteoriten aus. Einigen Darstellungen zufolge verhüllten Staubwolken die Erde und verursachten den Tod der meisten Pflanzen und aller großen Pflanzenfresser. Der Begriff »groß« meint in der Regel »mehr als dreißig Kilogramm«. Als sich der Staub lichtete, waren die Dinosaurier tot.

Es gibt Beweise, daß irgend etwas in dieser Richtung geschah. Exakt an der Trennlinie zwischen Kreidezeit und Paleozän findet sich eine sehr feine Schicht seltener Metalle wie Iridium und Osmium, und laut den Vertretern der Theorie könnten diese Metalle von einem Meteoriten oder Kometen stammen. Was immer der Auslöser gewesen sein mag – das Massensterben fand zwar statt, betraf aber nicht alle großen Reptilien. Wie wir wissen, sind die Krokodile davongekommen.

Das Überleben der Krokodile

Aber wie konnte dies geschehen? Zu dieser Frage werden mehrere Meinungen vertreten. Die interessanteste beinhaltet folgendes: Was auch immer für ein klimatisches Ereignis über die übrige Flora und Fauna hereinbrach, es zeitigte die geringste Auswirkung auf Lebensgemeinschaften im Süßwasser, zu denen die Krokodile gehörten. Ihr Leben hing weder von Meeresplankton noch von Blütenpflanzen ab, die zu jener Zeit fast völlig vernichtet waren, und sie konnten so ihren Fortbestand mit anderen Mitteln gewährleisten.

Sie überlebten auch den größten Teil des Tertiärs. Bis vor fünfunddreißig Millionen Jahren gediehen sie in Nordamerika und Europa neben Pflanzen, deren heutige Verwandte jetzt nur noch in tropischen oder subtropischen Regionen vorkommen. Zusammen mit dem Untergang jener Pflanzen starben auch die Krokodile in den nördlichen Breiten aus. Diese Phase datiert man meist in etwa an den Beginn der Pleistozän-Eiszeit, also vor rund zwei Millionen Jahren. Zu jener Zeit gingen die Jahresdurchschnittstemperaturen weltweit beträchtlich zurück, was einschneidende Veränderungen in den lokalen Floren mit sich brachte und den Lebensraum der Krokodile zerstörte.

Die heutige Verbreitung der Krokodile gibt daher möglicherweise einen Hinweis auf das Klima Nordamerikas und Europas in dieser Periode. Krokodile leben nicht in Regionen, wo die Temperaturen regelmäßig auf unter zehn bis fünfzehn Grad Celsius absinken, und sind somit auf die Tropen und Subtropen beschränkt. Die Mississippi-Alligatoren allerdings vertragen deutlich tiefere Temperaturen (bis zu vier Grad Celsius) und bleiben noch bei Werten um zwölf bis fünfzehn Grad aktiv; am wohlsten fühlen sie sich jedoch bei über dreißig Grad. Ihre Verbreitung belegt diese größere Toleranz gegenüber niedrigen Wärmeverhältnissen.

Das Leben der Riesenreptilien

Wärmeregulation

Als Reptilien sind Krokodile poikilotherm, das heißt wechselwarm – ein Zustand, den man gewöhnlich und fälschlicherweise als »kaltblütig« bezeichnet. In Wirklichkeit besagt dies,

Mit einer Länge von bis zu neun Metern ist das Australische Leistenkrokodil der Goliath unter den Krokodilarten. Es finden sich sogar Berichte von noch größeren Exemplaren: Das gewaltigste war wohl ein heiliges Krokodil in Nordborneo, dessen Abdruck auf einer Sandbank zehn Meter betrug.

daß sie im allgemeinen die Temperatur ihrer Umgebung annehmen, da sie ihre Körperwärme nicht von innen zu regulieren vermögen. Obwohl sie mit recht großen Temperaturschwankungen zurechtkommen können – von ungefähr fünf bis fast vierzig Grad –, gedeihen sie bei Wärme zwischen dreißig und fünfunddreißig Grad am besten. Es gibt einige Hinweise, daß bestimmte große Arten ihre Körpertemperatur unabhängig von äußerlichen Bedingungen zu steuern in der Lage sind. Doch macht die Poikilothermie den Hauptfaktor aus, der der globalen Verbreitung der Krokodile Grenzen auferlegt.

Größe erweist sich für solche Tiere als vorteilhaft, denn ihre Oberfläche ist im Vergleich zu ihrem Körpervolumen relativ gering. Das bedeutet, daß sie langsamer Wärme abgeben oder aufnehmen, als wenn sie kleiner wären. Trotzdem sind Krokodile selbst in ihrer tropischen Heimat, die von erheblichen Temperaturschwankungen zwischen Tag und Nacht geprägt sein kann, gezwungen, Mittel und Wege zu finden, ihre Körperwärme möglichst optimal zu regulieren.

Durch das Leben am Wasser können sie diesen Schwankungen auf einfachste Weise begegnen. Wasser ist ein guter Wärmespeicher, den die Krokodile als Puffer zwischen sich und der Temperatur ihrer Umgebung nutzen. Bei Sonnenaufgang verlassen die Tiere ihr feuchtes Element, in dem sie die Nacht verbracht haben und das sich seit dem Abend davor deutlich abgekühlt haben dürfte, und nehmen ein Sonnenbad. Nachdem sie sich ausreichend aufgewärmt haben, gleiten sie wieder in den ihnen angestammten Lebensbereich zurück. Solche Wechsel zwischen Land und Wasser zur Aufrechterhaltung einer relativ konstanten Temperatur bestimmen den Ablauf eines Krokodiltags.

Häufig sieht man Krokodile mit weit aufgerissenem Rachen am Ufer eines Tümpels oder Flusses liegen. Auf diese Weise, so glaubte man, würden die Tiere ihre Körpertemperatur senken (durch Verdunstung von Rachenfeuchtigkeit) oder in einigen Fällen auch erhöhen (indem sie die von vielen Blutgefäßen durchzogene Innenhaut des Mauls der Sonne aussetzen). Da dies jedoch auch am frühen Morgen, wenn es noch kühl ist, geschieht, dürfte es wohl noch einem anderen Zweck dienen: entweder als Drohgebärde oder sogar dazu, die Rachenwand auszutrocknen, um die Gefahr von Algen- und Pilzbefall zu reduzieren.

Je nach Jahreszeit müssen die Tiere auch drastischere Veränderungen ausgleichen. Während längerer Trockenzeit oder einem deutlich kühleren Winter werden sie häufig apathisch, fressen nur selten und ziehen sich in einen ruhigen Winkel zurück, bis wieder bessere Bedingungen herrschen. Dies bedeutet kein Überwintern im eigentlichen Sinne, sondern ist mehr eine Methode, Kräfte zu schonen, indem sie ihre Stoffwechselaktivität senken.

Fortbewegung

An Land erwecken Krokodile oft den Eindruck behäbiger Kreaturen, die langsam auf dem Bauch kriechen und allenfalls bei Gefahr plötzliche Aktivität zeigen und eilig ins Wasser gleiten. Die meisten Arten sind jedoch hervorragend zu laufen imstande, denn sie können den Körper vom Boden abheben und dann fast wie ein Säugetier schreiten. Eine solche Gangart bezeichnet man zur Unterscheidung vom üblichen, langsamen Kriechen mitunter als »Hoch- beziehungsweise Schnellgang«. Das Indische Sumpfkrokodil legt an Land auf diese Weise häufig große Strecken zurück.

Doch es gibt Ausnahmen. Obwohl schnelle und sehr kraftvolle Schwimmer, sind Gavial und Leistenkrokodil mit schwachen Beinen ausgestattet und bewegen sich selten weiter als ein paar Meter vom Wasser weg. Das Australien-Krokodil vermag dagegen selbst noch im ausgewachsenen Zustand wie ein Eichhörnchen über trockenen Boden zu »huschen«; andere Arten verfügen nur im frühen Jugendstadium über diese Gangart.

Krokodile sind gute Schwimmer, die sich nur mit kraftvollen Schwanzschlägen fortbewegen, deren Effizienz durch den senkrechten Schuppenkamm noch gesteigert wird. Dabei liegen die Gliedmaßen eng am Körper an. Obwohl die Hinterfüße mit Schwimmhäuten versehen sind, werden sie nicht zum Schwimmen benutzt: Die Häute dienen als Fluchtmechanismus für den Notfall. Dabei reißt das Tier die Hinterfüße mit gespreizten Schwimmhäuten steil nach oben und vermag so blitzschnell rückwärts unter die Wasseroberfläche abzutauchen.

Ernährung und Verdauung

Krokodile sind Fleischfresser. Sie machen Jagd auf lebende Tiere, tun sich aber auch an Aas gütlich. Sie verschlingen alles, was sie töten können, sogar Artgenossen. Mit zunehmenden Körpermaßen stehen auch entsprechend größere Tiere auf dem Speiseplan.

Anpirschen und wie der Blitz vorstoßen ist die übliche Jagdmethode, ob nun ein kleiner Alligator einen Wasserkäfer oder ein großer einen Reiher erwischt. Nilkrokodile lauern unter der Oberfläche nahe am Rand von Tümpeln, wo sich Tiere zum Trinken einfinden, packen ihre Beute mit der Schnauze und zerren sie ins Wasser hinab. Indische Sumpfkrokodile hat man auf diese Weise schon Rinder überwältigen sehen, und Leistenkrokodile fallen gelegentlich auch Menschen an, indem sie sich erst tauchend aus einigen Metern Entfernung annähern und dann plötzlich aus dem Wasser springen.

Aufgrund der niedrigen Stoffwechselaktivität von Reptilien erfolgt die Verdauung langsam. Steht reichlich Nahrung zur Verfügung, braucht ein großes Krokodil nur einmal pro Woche zu fressen. Die Mahlzeit benötigt je nach Lufttemperatur vier bis fünf Tage zur Verdauung. Bei kühler Witterung – unter zwanzig Grad – verweigerten einige Krokodile im Rahmen eines Experiments die Nahrungsaufnahme völlig – vermutlich, weil ihr Verdauungssystem nicht mehr arbeitete.

Steine im Magen

Über Gastrolithen, jene Steine oder andere harte Gegenstände, die sich im Magen aller Krokodile finden, die älter als ein Jahr sind, ist viel geschrieben worden. Ihre Bedeutung für die Tiere zeigt sich daran, daß selbst Exemplare, die an schlammigen Plätzen leben, wo Steine selten vorkommen, stets Magensteine haben: Diese stammten in einigen Fällen, wie man herausfand, auch von weiter entfernten Orten. Als Spiegelbild unseres modernen Zeitalters kamen zusammen mit den kürzlich aus Krokodilmägen geborgenen Gastrolithen auch Flaschen, Patronendosen, eine Thermoskanne, Münzen sowie Plastikteile ans Tageslicht.

Früher hielt man die Steine für Ballast, der dem Tier das Tauchen erleichtern oder ihm mehr Stabilität im Wasser verleihen sollte. Doch nachdem erwiesen war, daß Gastrolithen nur etwa ein Prozent des Körpergewichts ausmachen und sich von daher wohl kaum auf das Tauchvermögen auswirken dürften, könnte es zutreffender sein, daß sie die Verdauung unterstützen. So ergab ein Röntgenexperiment, daß der Magen eines Kaimans sechsunddreißig Stunden, nachdem man ihn mit einer toten Maus gefüttert hatte, plötzlich aktiv wurde und die Gastrolithen »wie Kieselsteine in einem Zementmischer« zu mahlen begannen, bis die Maus nicht mehr zu erkennen war. Magensteine als Verdauungshilfe sind bei Vögeln wohlbekannt, und darin liegt wahrscheinlich auch der plausibelste Grund für ihr Vorhandensein bei Krokodilen.

Fortpflanzung

Die Brunft der Krokodile vermag zu einem sehr geräuschvollen Schauspiel auszuarten. Laut brüllend liegen die Alligatormännchen im Wasser; ihr ganzer Körper vibriert dermaßen, daß über dem Rücken Reihen kleiner Wasserfontänen aufsteigen. Andere in der Nähe stimmen mit ein und vereinigen sich zur Paarungszeit zu einem eindrucksvollen Chor. Männliche Nilkrokodile keuchen oder bellen, gelegentlich geben sie mit weit aufgesperrtem Maul auch tiefe Knurrlaute von sich.

Rivalisierende Männchen liefern sich untereinander erbitterte Kämpfe, entweder um ihren Platz am Ufer zu verteidigen oder um etwaige Konkurrenten von einem in der Nähe befindlichen Weibchen fernzuhalten. Der Verlust von Gliedmaßen ist bei diesen Auseinandersetzungen an der Tagesordnung, und nicht selten stirbt einer der beiden Kontrahenten.

Hat ein Männchen ein Weibchen angelockt und wurde von diesem akzeptiert, beruhigt sich die Lage, und beide schwimmen langsam nebeneinander her, bis sie ihm die Paarung gestattet. Nilkrokodile haben ein ausgesprochen zärtliches Balzritual. Nachdem das Weibchen mit einer Art Katzbukkel, bei dem Kopf und Schwanz kurz untergetaucht werden, seine Unterwerfung demonstriert hat, reibt nun das Männchen seinerseits als Vorspiel seinen Kopf am Nacken seiner Auserkorenen, bevor es zur Paarung kommt. Mississippi-Alligatoren zeigen ähnliche Bewegungen: Sie sondern dabei angeblich über Kehldrüsen einen Duftstoff ab, der das Weibchen erregt.

Eiablage und Brüten

Wie alle Reptilien legen Krokodile hartschalige Eier, die von den meisten Arten in Löchern an schattigen Plätzen nahe am Wasser vergraben werden. Das Männchen spielt anschließend meist keine Rolle mehr – wahrscheinlich hat es sich mit mehreren Weibchen während der Saison gepaart –, während das Weibchen das Nest bis zum Schlüpfen der Jungen zehn bis zwölf Wochen lang allein bewacht. Die häufigsten Eierdiebe aus Krokodilnestern sind in Afrika Warane und Wildhunde; in Amerika machen sich Waschbären über Alligatoreier her, wenn das Weibchen das Gelege zu lange unbeaufsichtigt läßt. Beim Schlüpfen geben die Jungtiere quakende Geräusche von sich, die von der Mutter vernommen werden. Dann lockert das Weibchen des Nilkrokodils die Erde über ihnen, wobei es sich herumwälzt und den Boden aufwühlt. Schließlich begleitet oder trägt die Mutter ihren frischgeschlüpften Nachwuchs zum Wasser.

Mississippi-Alligatoren, Leistenkrokodile sowie einige Kaimane errichten am Boden ein Nest, indem sie Pflanzenmaterial zu einem runden Haufen auftürmen, worin sie die Eier deponieren. Die Fäulniswärme der verrottenden Pflanzen brütet das Gelege bei einer konstanten Temperatur von etwas mehr als dreißig Grad aus, während die Mutter das Nest im Auge behält. Zusätzlich gräbt das Weibchen des Mississippi-Alligators nahe beim Nest einen Tümpel als Kinderstube für die Kleinen, wohin es sie nach dem Schlüpfen befördert.

Die Babys in diesen »Kompostnestern« machen während des Schlüpfens keinerlei Anstalten, auch ihren Bruthügel zu verlassen. Sie bleiben in der Eischale, nur das Schnäuzchen schaut heraus. Sobald sie die Vibrationen der Bewegungen ihrer Mutter spüren, quietschen sie. Diese reißt nun das Nest auf und trägt die Kleinen fort; oft knackt sie dann einige Eier mit den Zähnen, um noch nicht geschlüpfte Junge daraus zu befreien.

Die Welt der Krokodile kennt faszinierende Variationen dieses Verhaltensmusters, wie wir im nächsten Kapitel über die einzelnen Arten erfahren werden.

Entwicklung und Reifezeit

Vom Weibchen des Mississippi-Alligators ist bekannt, daß es sich noch vier Jahre lang um die Jungen kümmert, nachdem sie geschlüpft sind – aber das dürfte wohl bei Krokodilen einmalig sein. Der im Osten Südamerikas heimische Breitschnauzen-Kaiman behütet seinen Nachwuchs zwölf Monate, wobei sich beide Eltern die Aufgabe teilen. Den kleinen Leistenkrokodilen gewährt ihre Mutter nur etwa zehn Wochen lang Obhut, dann sind sie auf sich gestellt; und das Nilkrokodil-Weibchen dürfte seine Fürsorge bereits nach den ersten Lebenswochen beenden.

Wenn die Regenzeit kommt, ziehen die Jungkrokodile oft im Pulk zu abgelegenen, seichten Gewässern, wo es reichlich Futter, aber wenige größere Tiere gibt, damit sie lernen können, sich allein durchzuschlagen. Nicht selten findet man auch Junge mancher Arten um einiges vom Wasser entfernt in feuchter Vegetation, wo sie sicher sind vor den Nachstellungen größerer Verwandter, denen sie eine willkommene Beute wären.

Junge Krokodile werden stets durch Beutejäger wie Störche, Adler, Reiher, Säugetiere, Schildkröten, ja sogar große Fische stark dezimiert. Bei Gefahr stoßen viele von ihnen Notrufe aus – meist hohe Quietschtöne, die weithin übers Wasser hallen – und alarmieren so die Eltern.

Je nach Spezies erlangen die Jungtiere im Alter von vier bis zehn Jahren Geschlechtsreife. Bis sie ausgewachsen sind, bilden sie gern Gruppen ungefähr gleichen Alters, um das Risiko zu verringern, von größeren Tieren angegriffen und verstümmelt oder gar getötet zu werden. Einige Arten vermögen mit Besänftigungsritualen Unterwerfung zu signalisieren und versuchen auf diese Weise aggressive, ältere Männchen zu beschwichtigen. Offenbar sind diese Demutsgebärden nicht zuverlässig. Die meisten Krokodile leben kannibalisch.

Lebende Krokodile der Welt

Wie sich Krokodile raufend um einen ertrunkenen Büffel scharen, so diskutieren die Fachleute hitzig darüber, ob sich die Familie der Crocodylidae in drei oder vier Unterfamilien gliedert. Die Kontroverse hat beinahe hypothetischen Charakter, denn die betreffenden Unterfamilien sind sehr klein. Obwohl dem Stumpfkrokodil einige Merkmale mit den Kaimanen, die zu den Alligatoren gehören, gemein sind, wird es in der Regel zu den Echten Krokodilen gerechnet. Und der Sundagavial (oder Gharial – der Leser wird auf beide Transliterationen des Hindinamens stoßen) bildet möglicherweise eine eigene Unterfamilie und wäre demnach kein Krokodil. Einer solchen Charakteristik gemäß werden beide am Ende ihrer jeweiligen Familien aufgelistet, von wo aus man sie nach eigenem Ermessen umordnen kann.

Der Hauptunterschied zwischen den beiden großen Unterfamilien der Alligatoren und Echten Krokodile besteht in der Anordnung der Zähne, insbesondere des stark vergrößerten vierten Unterkieferzahns. Bei Alligatoren ist dieser bei geschlossenem Maul verdeckt, da er in eine Vertiefung im Oberkiefer paßt; bei Krokodilen weist der Oberkiefer eine seitliche Aussparung auf, so daß der Zahn stets hervorlugt. Es läßt sich keine weitere sichtbare Unterscheidung zwischen den Unterfamilien erstellen, wenngleich sich genügend markante Differenzierungen hinsichtlich des Schädelbaus und der senkrechten Schuppen für eine Klassifizierung nach taxonomischen Gesichtspunkten ergeben. Diese Differenzierung wird gerechtfertigt durch Unterschiede im typischen Verhalten und der Verbreitung der beiden Reptiliengruppen.

Krokodile
Familie Crocodylidae

Nilkrokodil
Crocodylus niloticus

VERBREITUNGSGEBIET: Tropen und Subtropen ganz Afrikas und Madagaskars, ausgenommen die Wüsten Kalahari und Sahara. Bis 1819 lebten Nilkrokodile auch auf den Seychellen, und gelegentlich tauchen sie in Berichten von den Komoreninseln auf. Bis etwa 1930 gab es vereinzelte Populationen in Mauretanien und den Bergen der Sahara. Durch Überjagen ist ihr Bestand in vielen Teilen dieses Gebiets heute stark dezimiert.
LEBENSRAUM: Unterschiedliche Süßwasserregionen, in Westafrika auch an der Küste. Mitunter werden sie von Flußmün-

dungen ins offene Meer getrieben: Ein Exemplar wurde elf Kilometer vor der Küste Zululands entdeckt; die Art erreicht häufig die Ostafrika vorgelagerte Insel Sansibar.

Aussehen und Grösse: Alttiere sind dunkelolivgrün, am Bauch heller; die Querstreifen am Schwanz werden mit dem Alter meist schwächer. Jungtiere sind am Rücken grünlich gefärbt, mit dunkleren, unregelmäßigen Querstreifen, vor allem am Schwanz. Alttiere erreichen eine maximale Länge von sechs Metern, obgleich 1905 in Tansania ein Rekordexemplar mit sechseinhalb Metern erlegt wurde. Ihre Verfolgung ist derart intensiv, daß nur wenige Tiere zur vollen Größe heranwachsen. Eine Population am Fluß Aswa im Norden Ugandas wird angeblich nur zwei Meter lang und hat einen unverhältnismäßig großen Kopf, vermutlich, weil die Tiere in einer widrigen Umgebung mit einer langen Trockenzeit leben, während der sie nicht fressen können, so daß ihr normales Jahreswachstum beschränkt ist.

Fortpflanzung: Die Weibchen sind mit zehn Jahren (wenn sie etwa zwei Meter lang sind) geschlechtsreif. Sie legen ihre Eier in Löcher, das Gelege enthält durchschnittlich fünfzig, höchstens achtzig Eier. Die Brutzeit beträgt elf bis dreizehn Wochen, kann jedoch in kühleren Klimaten länger sein. Die Mutter hilft den Jungen beim Schlüpfen aus dem Ei heraus und beschützt sie während der ersten Lebenswochen.

Nahrung: Ändert sich bei den meisten Krokodilen abhängig vom Alter. Junge Nilkrokodile fressen Insekten und Frösche, Schlangen und andere Wirbeltiere; später erbeuten sie Fische. Ausgewachsene Alttiere können Antilopen, Zebras, große Haustiere und sogar Menschen töten.

Leistenkrokodil

Crocodylus porosus

Verbreitungsgebiet: Die häufigste aller Krokodilarten. Sie kommt in allen tropischen Regionen des asiatischen und pazifischen Raums vor: von der Küste Westindiens über Sri Lanka, Bangladesch, Malaysia, Indonesien und die Philippinen, Neuguinea und Nordaustralien bis zu den Salomon- und Fidschiinseln. (Sie wurden sogar schon in Burma und Südchina gesehen.) Dem Leistenkrokodil begegnet man oft auch auf hoher See: Die Art hat die Kokosinseln, mehr als tausend Kilometer vom nächsten Festland entfernt, schwimmend erreicht.

Lebensraum: Außer im Meer und in Flußmündungen ist das Leistenkrokodil häufig in Seen oder großen Flüssen (in Neuguinea bis zu 1130 Kilometer landeinwärts) anzutreffen.

Aussehen und Grösse: Alttiere sind grau, braun oder dunkeloliv, oft mit großen, schwarzen Flecken am Rücken und an den Seiten; die Bauchseite ist heller. Das Ausmaß der dunklen Färbung hängt ab von der Farbe der natürlichen Umgebung, in der sie aufwuchsen. Die Rückenschilde sind regelmäßig und auffallend oval geformt. Jungtiere weisen eine hellere Färbung auf, mit Flecken und Tupfen am Schwanz, die oft zu Streifen verschmelzen. Mit einer Länge von bis zu neun Metern ist das Leistenkrokodil die größte aller lebenden Krokodilarten. Das größte Exemplar der Neuzeit dürfte ein Tier in Nordborneo gewesen sein, dessen Abdruck auf einer Sandbank eine Länge von zehn Metern ergab. Recht zuverlässigen Angaben zufolge war ein 1957 in Australien geschossenes Individuum 8,64 Meter lang; die meisten Berichte stellen sich jedoch als übertrieben heraus, wenn nach der Hektik der Jagd das Krokodil genau vermessen wurde.

Fortpflanzung: Leistenkrokodile werden mit zehn bis fünfzehn Jahren geschlechtsreif; die Weibchen sind dann normalerweise zwei, die Männchen drei Meter lang. Die Eier werden zur Regenzeit in einem Nisthügel abgelegt, die Gelegegröße schwankt zwischen zwanzig und neunzig Eiern. Die Brutzeit beträgt in der Regel dreizehn Wochen. Die Mutter kümmert sich bis zu zweieinhalb Monate lang um die Jungen.

Nahrung: Jungtiere verspeisen Insekten, Krebse, Eidechsen und Schlangen. Ausgewachsene Exemplare machen am Wasser Jagd auf jedes Säugetier, beispielsweise Sambarhirsch, Gepard, Wildschwein und Affe. In Nordaustralien bilden unter anderem Wildbüffel und Riesenkänguruhs ihre Nahrung. Häufig erbeuten sie große Haustiere, und zahlreichen Berichten zufolge schrecken sie auch vor Angriffen auf Menschen nicht zurück. Von Leistenkrokodilen, die man zu Studienzwekken in Gefangenschaft hält, weiß man, daß sie ihre Wärter anfallen, wenn jene ihnen zu nahe kommen. Im Magen von Leistenkrokodilen wurden Überreste von Fischen, sogar Haien, sowie von Meeresschildkröten, Kormoranen und Gänsen gefunden.

RECHTS

Der Rücken des Leistenkrokodils ist durch massige, längliche Schuppen geschützt, doch seine Bauchpanzerung ist schwächer als bei anderen Krokodilen. Dies könnte auf eine stärkere Anpassung an das Leben im Wasser hinweisen.

Sumpfkrokodil
Crocodylus palustris

Verbreitungsgebiet: Die Art ist auf dem indischen Subkontinent bis nach Sri Lanka weit verbreitet und kommt auch in Pakistan, dem nepalesischen Tiefland, Bangladesch und im Osten des Iran vor. Wegen ihrer begehrten Haut ist ihre Zahl überall rückläufig.

Lebensraum: Das Sumpfkrokodil ist vorwiegend ein Süßwasserbewohner. Es lebt in Flüssen und Seen, nimmt aber auch mit Speicherseen, Zisternen und Bewässerungsgräben vorlieb. Zahlenmäßig am meisten findet man es angeblich im Hirlan Lake, einem Wasserreservoir in der Provinz Gujarat. Gelegentlich ist es auch in Brackwasser gesichtet worden.

Aussehen und Grösse: Alttiere sind dunkelgrau oder braun, mit schwachen, dunkleren Streifen, die auch fehlen können; Jungtiere sind hellbraun, mit dunkleren Querbinden am Schwanz und Flecken an den Körperseiten. Beim erwachsenen Tier ist die Schnauze kurz und breit und der Rücken mit Schuppen gut gepanzert. Indische Sumpfkrokodile besitzen je zwei Reihen Rückenschuppen längs der Wirbelsäule, die innere ist breiter; ihre ceylonesischen Verwandten weisen im allgemeinen je drei Reihen von ähnlicher Breite auf. Letztere haben zudem größere, regelmäßigere Kehlschuppen, die einem Kragen gleichen, und repräsentieren vielleicht eine spezifische Unterart. Die Tiere erreichen eine Länge von rund fünf Metern.

Fortpflanzung: Die Weibchen erlangen mit sechs, die Männchen mit zehn Jahren Geschlechtsreife. Das Nest besteht aus einem oberhalb der Wasserlinie in eine Sandbank gegrabenen Loch, in dem das Gelege vergraben wird. Dieses enthält zehn bis fünfzig Eier (im Durchschnitt 25). Nach der Eiablage wird das Loch mit einem rund zwei Meter breiten und bis zu einem Meter hohen Sand- oder Erdhügel bedeckt. Die Brutzeit beträgt fünfzig Tage bis zweieinhalb Monate, während denen das Weibchen den Nestbereich bewacht. Ist die Zeit zum Schlüpfen gekommen, wird das Nest ausgegraben, sobald die Jungen in den Eiern sich durch schwache Grunzlaute bemerkbar machen. Die noch geschlossenen Hüllen werden von einem der Alttiere mit den Zähnen geknackt und dann die Jungen zum Wasser getragen.

Nahrung: Jungtiere fangen Insekten und kleine Wirbeltiere, etwa Frösche und kleine Fische. Alttiere erbeuten Schlangen, Kleinsäuger und Vögel, gelegentlich plündern sie auch Fischernetze; von großen Exemplaren weiß man, daß sie Rehwild und sogar Büffel töten. Außerdem sind grauenvolle Geschichten von Sumpfkrokodilen in Umlauf, die Überreste menschlicher Leichen fressen, die nach einer Feuerbestattung den Flüssen übergeben wurden. Dies, so nimmt man an, weckt ihren Appetit auf Menschenfleisch, was sie zu Menschenfressern macht. Historischen Erzählungen zufolge sollen in früheren Zeiten alljährlich Hunderte von Menschen Sumpfkrokodilen zum Opfer gefallen sein. Selbst wenn das damals zutraf, so leben heute nur noch sehr wenige entsprechend große Sumpfkrokodile in freier Wildbahn, die für den Menschen eine echte Bedrohung darstellen könnten.

Spitzkrokodil
Crocodylus acutus

Verbreitungsgebiet: Das Spitzkrokodil ist als einzige Krokodilart in Amerika von Südflorida (vor allem den Everglades und den Florida Keys) bis nach Venezuela und von der Westküste Mexikos bis nach Ecuador und Nordperu heimisch. Es kommt zusätzlich noch auf Kuba, Jamaika und den Cayman-Inseln vor; subfossile Reste wurden auf den Bahamas gefunden. Infolge übermäßiger Bejagung und der Zerstörung natürlicher Lebensräume ist es allgemein recht selten geworden.

Lebensraum: Süß-, Meer- und Brackwasser sind für das Spitzkrokodil, dessen Zunge mit Salzdrüsen ähnlich denen des Leistenkrokodils ausgestattet ist, gleichermaßen geeignet. Trotz dieser eindeutig marinen Anpassung findet man die Art auch tief im Landesinnern in Flüssen und großen Süßwasserseen. Frühere Aufzeichnungen ihr Verbreitungsgebiet betreffend zeigen, daß sich ihr Lebensraum nicht mit dem des Orinoko-Krokodils oder des Mohrenkaimans überschnitt, was darauf hinweist, daß zwischen den Arten ein direkter Konkurrenzkampf herrschte. In Panama und Kolumbien fraßen die Spitzkrokodile Kaimane, die sich folglich vom Revier ihrer Jäger fernhielten. Nachdem diese ausgerottet waren, drangen die Kaimane in jene Gewässer vor, die zuvor von den Krokodilen bevölkert worden waren.

Aussehen und Grösse: Alttiere sind auf der Oberseite dunkeloliv, am Bauch blaßgelb. Der Schädel ist über den Augen gewölbt und hat einen Buckel, der sich in einem Knochenkamm über etwa die halbe Länge der recht schmalen Schnauze hinunter fortsetzt. Dies stellt ein wichtiges Merkmal dar, das Krokodile von Alligatoren in Florida unterscheidet. Im Süden ihres Verbreitungsgebiets haben die Spitzkrokodile eine schmalere Schnauze als weiter nördlich. Eine schmale Schnauze läßt auf Fischfang schließen: Vielleicht liegt darin die Ausfüllung einer ökologischen Nische, die somit ihren Nachbarn, den Kaimanen, verschlossen blieb. Jungtiere sind oben graugrün, meist mit dunklen Querbinden auf Körper und Schwanz. Die maximale Länge ausgewachsener Individuen beträgt rund sechs Meter, wobei Männchen größer werden als Weibchen. Einem Bericht zufolge soll vor langer Zeit ein sieben Meter langes Exemplar in Venezuela erlegt worden sein.

FORTPFLANZUNG: Das Nest besteht entweder aus einem Loch im Boden oberhalb der Hochwassermarke oder einem Haufen aus Sand oder Kies, zusammengescharrt im Unterholz beziehungsweise in Mangroven, mit einer Mulde obenauf, in der die Eier liegen. Das Gelege enthält etwa fünfunddreißig Eier, die Brutzeit beträgt rund drei Monate. Das Weibchen kümmert sich zwar um das Nest, verteidigt es jedoch einigen Schilderungen nach nicht eben energisch. Entgegen dem schlimmen Ruf, der ihnen aus jenen Tagen, da ihr Lebensbereich erstmals von Menschen besiedelt wurde, vorauseilte, sind Spitzkrokodile anscheinend sehr scheu geworden – möglicherweise eine Folge intensiver Bejagung. Das Weibchen öffnet das Nest, wenn die Zeit zum Schlüpfen gekommen ist, und trägt die Jungen im Maul zum Wasser. Beide Eltern beschützen den Nachwuchs, insbesondere vor älteren Jungtieren der eigenen Art, die in ihm leichte Beute wittern.

NAHRUNG: Jungtiere fressen anfangs Insekten, später fangen sie Fische, Frösche und kleine Vögel. Alttiere ernähren sich vorwiegend von Fischen, sie erbeuten aber auch Krebse und Wasservögel sowie Säugetiere von der Größe eines Waschbären oder streunender Haushunde.

Orinoko-Krokodil

Crocodylus intermedius

VERBREITUNGSGEBIET: Beschränkt auf das Flußbecken des Orinoko in Venezuela und die Niederungen des Meta-Flusses in Kolumbien. Trotz vereinzelter Berichte von Exemplaren aus Trinidad, wohin sie auf Flößen aus Treibholz gelangt sein könnten, meidet die Art die Nähe des Meeres: Im Mündungsgebiet des Orinoko dominiert das Spitzkrokodil, entweder weil es besser an salzhaltiges Milieu angepaßt ist oder weil es ein Revier erbitterter verteidigt. Wie die meisten anderen Krokodile sieht sich das Orinoko-Krokodil immer rücksichtsloserer Verfolgung ausgesetzt: Seine Haut ist wertvoller als jene der in derselben Region lebenden Kaimane.

LEBENSRAUM: Als Süßwasserbewohner werden Seen und langsame Fließgewässer bevorzugt. Wenn in der Regenzeit viele Flüsse über die Ufer treten, machen sich die Tiere auch schon mal auf Wanderschaft und suchen sich stille Tümpel. In manchen Gebieten sollen sie die Trockenzeit angeblich in natürlich ausgewaschenen Höhlen unter feuchten und kühlen Flußböschungen überbrücken.

AUSSEHEN UND GRÖSSE: Das Orinoko-Krokodil ist auf der Oberseite olivgrün, am Bauch deutlich blasser. Bei ihm handelt es sich um eine weitere schmalschnäuzige Art, dem Spitzkrokodil recht ähnlich, aber mit einem konkaveren Profil und einer symmetrischeren Rückenpanzerung. Nach Ansicht einiger Forscher stellt das Orinoko-Krokodil keine eigene Art, sondern eine regionale Abweichung des Spitzkrokodils dar. Mit ihren dunklen Querstreifen auf hellgrauem oder -grünem Untergrund ähneln die Jungtiere denen des Spitzkrokodils. Aufgrund der intensiven Bejagung erreichen die Tiere mittlerweile selten eine Länge von drei Metern. In einem Bericht von 1800 werden jedoch zwei Exemplare erwähnt, die den Naturforschern von Humboldt und Bonpland zum Opfer fielen: Eines maß 6,70 Meter, das andere 5,25 Meter.

FORTPFLANZUNG: Als Nistplatz dienen auf Sandbänken gegrabene Löcher, worin Gelege von fünfzehn bis siebzig Eiern abgelegt werden. Die Brutzeit beträgt etwa sechs bis sieben Wochen; das Weibchen beschützt die Jungen nach dem Schlüpfen während der ersten Lebenswochen. Zu den möglichen Freßfeinden von Eiern und Krokodilbabys zählen Mönchsgeier und große Eidechsen.

NAHRUNG: Die schlanke Schnauze dieser Art legt den Schluß nahe, daß auch sie sich eine für die Kaimane unerreichbare ökologische Nische erschlossen hat. Die Nahrung besteht

hauptsächlich aus Fischen, daneben auch Vögel, Amphibien und Kleinsäuger wie Capybaras. Dem Orinoko-Krokodil wird nachgesagt, Menschen anzugreifen, doch heutige Exemplare dürften kaum die Größe erreichen, um eine echte Bedrohung darzustellen.

Rautenkrokodil

Crocodylus rhombifer

Verbreitungsgebiet: Das Rautenkrokodil ist auf Kuba, dort vorzugsweise in den Sümpfen der Halbinsel Zapata, heimisch. Eine kleine Population lebt auf der nahegelegenen Isla de Pinos. Auf der Großen Cayman-Insel fand man rund achthundert Jahre alte subfossile Überreste, doch gibt es keinerlei jüngere Hinweise auf Vorkommen außerhalb Kubas.

Lebensraum: Mit seinen kurzen Zehen und den verkümmerten Schwimmhäuten ist das Rautenkrokodil von allen lebenden Krokodilarten dem Landleben am besten angepaßt. Es läuft oft im »Hochgang« und ist schon mit ausgestreckten Vorderbeinen wie ein Hund am Boden sitzend beobachtet worden. Ursprünglich bevölkerte die Art Tümpel und Kanäle in Süßwassersumpfgebieten und Marschen. Von den Küstenzonen wurde es durch die Konkurrenz der kubanischen Spitzkrokodil-Population ferngehalten. Seine Haut ist jedoch sehr dick gepanzert und daher für den Handel wertlos; infolgedessen konzentrierte sich die Jagd auf Spitzkrokodile, und nachdem diese auf Kuba ausgerottet waren, wagte sich das Rautenkrokodil in die Küstenstreifen vor.

Aussehen und Grösse: Die kurze, breite Schnauze und die vor allem an Hinterbeinen und Rücken stark gepanzerte Haut verleihen den Tieren ein unverwechselbares Äußeres. Zwei knochige Auswüchse auf der Schädelrückseite werden manchmal mit Hörnern verglichen. Die Zähne stehen im Kiefer leicht schräg nach außen. Alttiere sind dunkelgrau oder schwarz, mit gelben Tupfen und größeren, blassen Flecken; Jungtiere weisen eine hellgoldene Färbung auf mit schwarzen Flecken und unregelmäßigen Streifen am Schwanz. Ausgewachsene Exemplare können bis zu dreieinhalb Meter lang werden, mittlerweile erreichen allerdings nur noch wenige Tiere die Zwei-Meter-Marke.

Fortpflanzung: Wie ihre engen Verwandten, Spitz- und das Orinoko-Krokodil, ist die kubanische Spezies ein Lochbrüter. Über ihr Brutverhalten ist nur wenig bekannt. Jungtiere stoßen angeblich bei Gefahr einen hohen Warnschrei aus, mit dem sie die Eltern zu Hilfe rufen, was eine ansatzweise vorhandene elterliche Fürsorge vermuten läßt. Man hört oft von Kreuzungen zwischen dem Rauten- und dem Spitzkrokodil, sowohl in freier Wildbahn als auch in Gefangenschaft auf Krokodilfarmen.

Nahrung: Fische dürften wohl die Hauptbeute des Rautenkrokodils sein, die noch durch Wasservögel, Schildkröten und Kleinsäuger ergänzt wird. Die Art ist gegenüber Menschen ausgesprochen angriffslustig, doch da sie selten Normalgröße erreicht, sind eher Kinder als Erwachsene gefährdet.

Beulenkrokodil

Crocodylus moreletii

Verbreitungsgebiet: Deckt sich weitgehend mit jenem des Spitzkrokodils und erstreckt sich außerdem von der Ostküste Mexikos über den Fuß der Halbinsel Yucatán und von dort die Küste Belizes hinab bis zur Petén-Region Nordguatemalas. In den zwanziger Jahren war das Beulenkrokodil um die Hauptstadt Belize herum sehr verbreitet, aber Verfolgung und die Zerstörung seines Lebensraums haben es stark dezimiert.

Lebensraum: Seit seiner Entdeckung im Jahr 1851 hielt man das Beulenkrokodil für eine reine Süßwasserspezies, die in Teichen, Seen, Sümpfen, am Oberlauf von Flüssen sowie in Regenwaldgewässern vorkommt und breite, schnelle Fließgewässer meidet. In den Brackwasserzonen und Ästuarien ihres Verbreitungsgebiets hatte sich überall das Spitzkrokodil breitgemacht. Wie das Rautenkrokodil fiel auch das Beulenkrokodil in die salzhaltigeren Küstenregionen ein, nachdem das Spitzkrokodil durch den Menschen nahezu ausgerottet worden war.

Aussehen und Grösse: Alttiere sind auf der Oberseite graubraun, mit schwarzen Flecken und Bändern, am Bauch heller. Auf der Schnauze erstreckt sich bis fast zur Spitze eine schmale, erhabene Knochenleiste. Die Schuppen am Hals sind auffällig verdickt. Jungtiere zeigen eine gelbe und schwarze Tüpfelung. Ausgewachsene Exemplare werden bis zu dreieinhalb Meter lang.

Fortpflanzung: In Atlanta (US-Staat Georgia) hat man diese Art eingehend in Gefangenschaft studiert, wo die Tiere aus Torfmoos und trockenem Laub einen Nisthügel bauten. In eine Mulde oben auf dem Hügel wurden zwanzig bis fünfundvierzig Eier gelegt und mit den Hinterfüßen zugescharrt. Die Mutter bewacht das Nest bis zum Schlüpfen der Jungen, anschließend trägt sie die Kleinen im Maul zum Wasser. Manchmal befreit sie auch die Nachzügler aus dem Ei, wenn sie von innen ihr Quäken hört. Gelegentlich wird sie hierin vom Männchen unterstützt, und es gibt Berichte, denen zufolge sich beide Eltern um den Nachwuchs kümmern.

NAHRUNG: Junge Beulenkrokodile fressen Insekten, die sie am Wasser erbeuten; mit fortschreitendem Alter kommen Schnekken und Nacktschnecken hinzu, Alttiere fressen ebenfalls Schnecken, jagen aber auch Schnappschildkröten, Welse und Kleinsäuger, die zum Trinken ans Wasser kommen. Die hintersten Zähne des Beulenkrokodils sind relativ stumpf und dick, was darauf hinweisen könnte, daß sie speziell dem Knacken von Schildkrötenpanzern und den Schalen großer Weichtiere dienen.

Neuguinea-Krokodil

Crocodylus novaeguineae

VERBREITUNGSGEBIET: Gewisse Anzeichen lassen vermuten, daß es sich eigentlich um zwei nur durch eine Gebirgskette getrennte Unterarten (möglicherweise auch eigenständige Spezies) handelt, doch da sie noch nicht benannt worden sind, muß man sie vorläufig als eine ansehen. *Crocodylus novaeguineae* wurde 1928 an der Nordküste Neuguineas im Einzugsbereich des Sepik Rivers entdeckt und beschrieben. Später fand man die vermeintlich gleiche Art an der Südküste Papuas im Lake-Murray- und Fly-River-Gebiet, auf der anderen Seite des Bismarckgebirges. Neuere morphologische Studien haben Unterschiede zwischen beiden Populationen aufgezeigt. Berichte von einem Süßwasserkrokodil aus der Region Irian Jaya beziehen sich wahrscheinlich auf die Papuagruppe. Als Folge von Bejagung ging ihre Zahl in freier Wildbahn stetig zurück, bis man in den sechziger Jahren Krokodilfarmen in Papua-Neuguinea einrichtete; gleichzeitig wurden die Abschußquoten deutlich gesenkt. Inzwischen dürfte die Wildpopulation wieder angewachsen sein.

LEBENSRAUM: Als Süßwasserspezies vorwiegend in Flüssen, abgelegenen Seen und Sümpfen, die nicht schon von Leistenkrokodilen besetzt sind. Wo diese fehlen, konnte das Neuguinea-Krokodil für kurze Zeit auch Brackwasser- oder Küstenregionen besiedeln. Die Sepikpopulation im Norden bevölkert am Oberlauf des August Rivers Höhen bis zu sechshundert Meter.

AUSSEHEN UND GRÖSSE: Alttiere sind braun, mit dunkelbraunen oder schwarzen Streifen am Schwanz und unregelmäßigen Flecken am Körper. Die Schnauze ist spitz zulaufend, jedoch nicht so schlank wie die des Australien-Krokodils. Jungtiere sind auf der Oberseite blaß grünlich-gelb gefärbt, am Bauch deutlich heller, mit dunklen Flecken auf dem Rücken, die sich bandförmig bis zum Schwanz fortsetzen. Ausgewachsene Neuguinea-Krokodile können ohne Beeinträchtigung durch den Menschen bis zu vier Meter Länge erreichen.

FORTPFLANZUNG: Die Geschlechtsreife tritt im Alter von acht bis zehn Jahren ein, wenn die Tiere eine Körperlänge von etwa anderthalb Metern erreicht haben. Angeblich sorgt die Papuapopulation in der Regenzeit, die Sepikpopulation dagegen in der Trockenperiode für Nachwuchs. Beide errichten, mitunter auf einem schwimmfähigen Grasfloß, einen Bruthügel aus Schilf und nassen Blättern, vermengt mit Schlamm. Das Gelege enthält zwischen dreiundzwanzig und fünfundvierzig Eier. Diese legt das Weibchen in eine Kammer oben auf dem Hügel, die es mit trockenem Material wie Gras und Laub auskleidet. Die Brutzeit beträgt achtzig bis neunzig Tage, während denen die Mutter das Nest ständig bewacht. Untersuchungen haben ergeben, daß Gelege in Nestern auf Flößen nicht so effizient sind wie die auf trockenem Untergrund errichteten. Die frischgeschlüpften Jungen haben einen Dottersack, der sie bis zu zwei Wochen lang ernähren kann, ohne daß sie fressen müssen.

NAHRUNG: Wasservögel, vor allem Bläß- und Moorhühner, sind die bevorzugte Beute, die noch durch Fische, Lurche und kleine Reptilien ergänzt wird. Jungtiere fressen Insekten und kleine Frösche.

Philippinen-Krokodil

Crocodylus mindorensis

VERBREITUNGSGEBIET: Diese Art ist nur auf den Philippinen heimisch, und zwar auf den Inseln Mindoro (wo man das erste Exemplar fing), Luzon, Masbate, Samar, Negros und Mindanao sowie auf der Jolo-Insel im Sulu-Archipel. Sie wurde relativ spät in diesem Jahrhundert entdeckt. Vielleicht waren sie früher verbreiteter, doch auf vielen Inseln hatten die dortigen Bewohner ihren Lebensraum schon vor langer Zeit durch Rodungen und die Schaffung von Ackerland zerstört.

LEBENSRAUM: Das Philippinen-Krokodil ist eine Süßwasserspezies (und nicht, wie manche behauptet haben, nur eine Unterart des Leistenkrokodils), die in Seen, kleinen Nebenflüssen und Sümpfen lebt. Über die Tiere ist kaum etwas bekannt, ebenso fehlen Informationen darüber, ob sie in den Brackwasserzonen die Nachfolge des auch auf den Philippinen ausgerotteten Leistenkrokodils angetreten haben.

AUSSEHEN UND GRÖSSE: Die Art hat von allen pazifischen Krokodilen die breiteste Schnauze sowie einen äußerst stark gepanzerten Rücken und Hals. Alttiere sind schmutzigbraun, mit dunkler braunen oder schwarzen Streifen am Schwanz. Die größte bekannte Länge wurde mit weniger als zweieinhalb Meter angegeben.

FORTPFLANZUNG: Auch hierüber sind wichtige Erkenntnisse Mangelware, außer daß die Tiere Nisthügel bauen und eine gewisse Brutpflege betreiben.
NAHRUNG: Über die Freßgewohnheiten des Philippinen-Krokodils ist ebenfalls nichts bekannt. Eine breite Schnauze weist bei Krokodilen auf einen Allesfresser hin, der im Wasser Schildkröten, Lurche und Vögel und am Ufer Insekten und Kleinsäuger erbeutet.

Siam-Krokodil
Crocodylus siamensis

VERBREITUNGSGEBIET: Diese Art kam 1801 aufgrund eines in Thailand gefangenen Exemplars zu ihrer Bezeichnung, ist aber auch in Laos, Kambodscha, Vietnam, dem Nordteil der malaysischen Inselwelt sowie einigen indonesischen Inseln heimisch. Wegen ihres Fleisches und der Haut wurde sie jedoch arg dezimiert und gilt in freier Wildbahn inzwischen als nahezu ausgestorben. Größere Bestände werden auf Krokodilfarmen gezüchtet.
LEBENSRAUM: Das Siam-Krokodil lebt in Süßwasserseen, Flüssen, vor allem im Regenwald, sowie in angrenzenden Marschen. Die Tiere halten sich von Flußmündungen und Küstengebieten fern, aber wohl nur, weil sich ihre Regionen mit denen des viel größeren Leistenkrokodils überschneiden.
AUSSEHEN UND GRÖSSE: Alttiere ähneln im Aussehen dem Leistenkrokodil, haben aber eine viel breitere Schnauze und wie das Rautenkrokodil Knochenhöcker hinter den Augen. Jungtiere können wegen ihrer goldgelben Färbung und den schwarzen Markierungen mit denen des Leistenkrokodils verwechselt werden. Im Unterschied zum Leistenkrokodil wird das Siam-Krokodil nicht größer als dreieinhalb Meter.
FORTPFLANZUNG: Die Geschlechtsreife tritt bei dieser Art im Alter von zehn bis zwölf Jahren ein. Das Weibchen baut aus Laub und Gras einen Hügel, in dem es zwanzig bis fünfundzwanzig Eier ablegt. Nach einer Brutzeit von etwa zehn Wochen quäken die schlüpfreifen Jungen die Mutter herbei, die dann das Nest öffnet.
NAHRUNG: Angeblich frißt das Siam-Krokodil vorwiegend Fisch, doch die breite Schnauze läßt einen Allesfresser vermuten, der die übliche Mischung aus Amphibien, Schlangen, Insekten und anderen Kleintieren erbeutet. Leider bestehen nur geringe Aussichten hinsichtlich einer Erweiterung des derzeitigen Wissens über das Siam-Krokodil anhand von Freilandstudien, da praktisch der gesamte Bestand dieser Art in Gefangenschaft auf kommerziell arbeitenden Farmen dahinvegetiert.

Australien-Krokodil
Crocodylus johnsoni

VERBREITUNGSGEBIET: Seine wissenschaftliche Bezeichnung erhielt das Australien-Krokodil nach seinem Entdecker Robert A. Johnston, der 1873 bei Cashmere in Queensland das erste Exemplar fing. Leider enthielt die Dokumentation des Fangs bezüglich der Namensgebung einen Fehler, der, einmal begangen, nicht mehr korrigiert werden darf. So ist die Schreibweise *johnsoni* ein für allemal festgelegt. Spätere Forschungen ergaben, daß die Art in ganz Nordaustralien, vom Fitzroy River im Westen über das Nordterritorium bis Queensland, vorkommt.
LEBENSRAUM: Vorwiegend im Süßwasser, am Oberlauf von Flüssen und in den Tümpeln, die zur Trockenzeit von den Fließgewässern übrigbleiben. Wenn während der Regenzeit weite Landstriche unter Wasser stehen, weichen die Krokodile in großer Zahl in Wälder und auf das Grasland aus. Zu Beginn der Trockenzeit suchen sie sich tiefe Wasserlöcher, wobei sie bis zu vierzig Kilometer weit wandern, um das Refugium des Vorjahrs erneut zu bevölkern. Flußaufwärts ziehen sie sich bei Trockenheit angeblich in Höhlen zurück. Doch gibt es Anzeichen, daß sie auch in Brack- oder sogar in Salzwasserregionen leben können. Wo das Leistenkrokodil ausgerottet wurde, erobert das Australien-Krokodil auch die Küstenstriche, was bedeutet, daß seine Beschränkung auf Süßwasser mehr auf Konkurrenz als mangelnde Anpassung zurückzuführen ist.
AUSSEHEN UND GRÖSSE: Alttiere sind braun, auf der Unterseite blasser, mit dunklen oder schwarzen Streifen am Schwanz und klaren, dunklen Bändern auf dem Rücken. Die Schnauze ist schmal (typisch für süßwasserbewohnende Fischfresser), der Rücken ist mit sechs Schildreihen gut gepanzert. Die sehr lebhaften Jungtiere sind hellere Ausgaben der Eltern und können wie Eichhörnchen springen; mitunter tun dies sogar erwachsene Tiere. Die Männchen werden etwa zweieinhalb, die Weibchen etwas mehr als zwei Meter lang.
FORTPFLANZUNG: Männchen erlangen mit dreizehn bis vierzehn, Weibchen mit elf Jahren Geschlechtsreife. Sie sind dann knapp zwei beziehungsweise anderthalb Meter lang. Das Nest besteht aus einem zur Trockenzeit in sandigen Boden oder Kies gegrabenen Loch, oft auf einer Sandbank fernab vom Ufer eines austrocknenden Wasserlaufs. Bis zu achtzehn Eier legt das Weibchen in den feuchten Boden. Die Brutzeit beträgt zehn bis zwölf Wochen, nach denen die Mutter das Nest ausgräbt und die geschlüpften Jungen zum Wasser trägt. Sie behütet ihren Nachwuchs nur im ersten Lebensmonat. Tragisches Merkmal des Fortpflanzungskreislaufs des Australien-Kroko-

Das Rautenkrokodil hat sich von allen lebenden Krokodilen am besten dem Landleben angepaßt. Seine Rückenpanzerung ist überaus stark entwickelt, an den Füßen finden sich nur noch rudimentäre Schwimmhäute, und es läuft öfter im »Hochgang« als andere Arten. Charakteristisch für diese gegenüber Menschen auffallend aggressive Spezies sind die schräg nach außen gestellten Zähne.

dils ist die sehr hohe Sterblichkeit der Brut: Schätzungsweise 96 Prozent der Jungtiere erreichen nicht einmal das Alter von zwei Jahren. Die Verluste gehen auf das Konto von Beutejägern – die Eier werden von großen Eidechsen und Wildschweinen gefressen, die Jungen von Vögeln, großen Fischen und Schildkröten.
NAHRUNG: Das Australien-Krokodil ist ein typischer Süßwasserbewohner. Mit seinen schlanken Kiefern schnappt es seitlich nach vorbeischwimmenden Beutetieren wie Fischen, Krustentieren und Wasserinsekten. Aber auch Amphibien, Vögel und Kleinsäuger werden erbeutet, wenn die Gelegenheit sich bietet.

Panzerkrokodil
Crocodylus cataphractus

VERBREITUNGSGEBIET: Dieser Bewohner der Tropenwälder ist vom Süden Mauretaniens und dem Senegal bis Nordangola und im Osten bis Zaire, Sambia und Osttansania heimisch. Sein Verbreitungsgebiet deckt sich völlig mit dem des Nilkrokodils.
LEBENSRAUM: Als Süßwasser bevorzugende Art bevölkert das Panzerkrokodil Waldflüsse und angrenzende Sümpfe und Tümpel. Man hat es aber auch schon in trockeneren Savannen sowie in Meereslagunen nahe der Küste Guineas gesichtet. Ein Exemplar wurde auf der Insel Bioko fünfundvierzig Kilometer vor der Küste Kameruns gefunden.
AUSSEHEN UND GRÖSSE: Den bräunlichgelben Rücken zieren große, schwarze Flecken, die sich längs des Unterkiefers wiederholen. Der Kopf ist graugrün. Der Kiefer des Panzerkrokodils ist schmaler und glatter als bei anderen Krokodilen. Das auffallend langschnauzige Reptil verdankt seinen Namen den stark verknöcherten Bauchschilden. Aber auch die dicken Schuppen an Hals und Rücken verleihen ihm ein unverwechselbares Aussehen. Jungtiere sind blaßgrünlich-grau, mit klaren, schwarzen Mustern. Ausgewachsene Individuen werden drei bis vier Meter lang.
FORTPFLANZUNG: An einem schattigen Platz nahe dem Ufer eines Flüßchens wird aus Laub und Gräsern ein Bruthügel zusammengescharrt. Das Gelege enthält dreizehn bis sechsundzwanzig Eier. Die Brutzeit von rund dreizehn bis vierzehn Wochen ist so eingerichtet, daß die Jungen zu Beginn der Regenzeit schlüpfen. So sind sie schon recht gut entwickelt, wenn der überschwemmte Waldboden ihnen eine rasche Ausbreitung ermöglicht.
NAHRUNG: Das Panzerkrokodil erbeutet hauptsächlich Fische, Krebse, Garnelen und andere Kleintiere, darunter einige Wasservögel.

Stumpfkrokodil
Osteolaemus tetraspis

VERBREITUNGSGEBIET: Diese kleinwüchsige, träge Art ist im Tropenwaldgürtel West- und Zentralafrikas vom Senegal bis nach Zaire heimisch. Durch rigorose Verfolgung und den Verlust ihres Habitats durch Kultivierung wurde sie empfindlich dezimiert; große Populationen leben jetzt nur noch in den Waldgebieten Senegals, der Zentralafrikanischen Republik, Liberias und Nigerias.
LEBENSRAUM: Das Stumpfkrokodil bewohnt sowohl Schwemmwälder als auch Savannen, bevorzugt aber stille Flußläufe oder Sümpfe in Regenwaldgebieten. Es hält sich zumeist an Land auf und ist anscheinend zumindest teilweise nachtaktiv. Im Gegensatz zu anderen Krokodilen sonnt es sich nicht ausgiebig, sondern verbringt den Tag lieber im Schatten oder in Löchern an Uferböschungen.
AUSSEHEN UND GRÖSSE: Alttiere sind am ganzen Körper dunkel gefärbt. Diese Art verfügt über eine starke Panzerung; rings um die großen Augen ist sie besonders dick und setzt sich über Kopf und Nacken bis zum Rücken fort, dem sechs bis acht Reihen massiver Schilde Wehrhaftigkeit verleihen. Selbst Bauch und Kehle sind mit verdickten Platten besetzt. Die Schnauze ist sehr kurz, und die großen Augen geben selbst den Alttieren ein jugendliches Aussehen. Die Jungtiere sind braun, auf der Oberseite schwarz gefleckt, mit schwarzen Querstreifen an Körper und Schwanz und gelben Bauchplatten. Das erwachsene Stumpfkrokodil wird nicht einmal zwei Meter lang.
FORTPFLANZUNG: Aus feuchter Vegetation wird ein Bruthügel von etwa anderthalb Metern Durchmesser errichtet. Die Gelegegröße schwankt zwischen zehn und zwanzig Eiern, die Brutzeit beträgt rund sechzehn Wochen. Die winzigen frischgeschlüpften Jungen wiegen kaum mehr als fünfzig Gramm.
NAHRUNG: Hierüber gibt es kaum Informationen, doch Berichten zufolge soll sie aus Krebsen, Fröschen und Fischen bestehen.

Alligatoren und Kaimane
Familie Alligatoridae

Mississippi-Alligator
Alligator mississippiensis

VERBREITUNGSGEBIET: Der Mississippi-Alligator kommt nur in den Küstenniederungen des Ostatlantiks von der Grenze Virginias und North Carolinas über Florida bis zum Rio Grande in

Texas vor. Landeinwärts kann er im Einzugsgebiet des Mississippi bis nach Arkansas und Oklahoma gelangen. In einigen Teilen von Texas nistet er sich selbst in Viehtränken ein.
LEBENSRAUM: Diese Alligatoren sind vorrangig dem Leben in Sümpfen und Marschen angepaßt; trotzdem bewohnen sie auch Flüsse und Seen, Brack- und sogar Meerwasser an der Küste. Besonders fallen sie in Gegenden Floridas auf, die zur Bebauung entwässert wurden, wo sie sich auch in Zierteichen niederlassen, was die Menschen dort vor einige Probleme stellt.
AUSSEHEN UND GRÖSSE: Der Rücken ist bei Alttieren sehr dunkel grünlichgrau gefärbt und weist bei voll ausgewachsenen Individuen keine erkennbaren Querstreifen auf. Jungtiere sind von unterschiedlicher Färbung, doch der Grundton ist schwarz mit breiten blaßgelben (im Westen ihres Gebietes) oder gelbbraunen Querstreifen (im Osten). Der Kopf ist massig, mit einer breiten Schnauze, deren Wölbung wesentlich stärker nach innen verläuft als die des Spitzkrokodils. Früher wurden Exemplare von über sechs Metern geschossen, doch heute gilt bereits ein vier Meter langes Männchen als groß.
FORTPFLANZUNG: Ihr wurden schon diverse und eingehende Studien gewidmet, die sowohl der Kontrolle als auch der Erhaltung der Populationen dienten. Das Weibchen errichtet aus Pflanzenmaterial einen Haufen an einem eigens dafür ausgesuchten Platz, der weder überschwemmt werden noch austrocknen kann. Das Nest liegt meist im Schatten dichter Vegetation, häufig unter Bäumen an einer erhöhten Stelle im Sumpf. Das Gelege ruht in einer Mulde oben im Hügel, mit Stückzahlen zwischen dreißig und fünfundfünfzig Eiern, wobei ältere Weibchen mehr legen als junge. Die Mutter bewacht das Nest während der gesamten Brutzeit und verläßt es nur kurz zur Futtersuche. Zischend stellt sie sich Eindringlingen entgegen und attackiert kleinere Tiere wie Waschbären (die häufig in Abwesenheit des Weibchens Nester plündern), weicht jedoch meist im letzten Moment zurück, wenn der Störenfried ein Mensch ist. Die Jungen schlüpfen nach neun bis zehn Wochen, bei warmer Witterung auch etwas früher. Die Temperatur im Nest bestimmt das Geschlecht des Nachwuchses: Unter dreißig Grad Celsius gibt es nur Weibchen, über vierunddreißig Grad dagegen ausschließlich Männchen. Dazwischen sind die Geschlechter gemischt.

Über die mütterliche Fürsorge um Gelege und Junge waren schon früh Gerüchte im Umlauf. Dokumentiert wurde sie jedoch erst 1978, als der Wissenschaftler James Kushlan und der Fotograf Jeff Simon in Florida einen Film für die BBC-Serie *Survival* drehten. Seitdem gelangte man auch bei einigen anderen Krokodilarten zu entsprechenden Erkenntnissen. Das Weibchen hebt schlüpfreife Eier an und rollt sie zwischen den Zähnen hin und her, bis die Schale zerbricht. Dann trägt es das Junge im Maul zu einem nahegelegenen Kanal oder Teich oder manchmal auch zu einem Tümpel, den es eigens zu diesem Zweck beim Nest gegraben hat. Dort läuft es rückwärts ins Wasser und öffnet das Maul so weit, daß das Junge hinausschwimmen kann. Die Obhut erstreckt sich über drei, mitunter auch vier Jahre. Bei Angstrufen von kleineren Jungtieren eilt die Mutter ihnen stets zu Hilfe.
NAHRUNG: Die Jungtiere beginnen etwa drei Tage nach dem Schlüpfen zu fressen, wenn der Dottersack aufgebraucht ist. Anfangs wühlen sie am Grund nach freßbaren Dingen; mit zunehmendem Alter erbeuten sie immer größere Tiere. Man fand aber auch Insekten, Frösche, Schlangen, Schildkröten und Vögel in Alligatormägen. Jeff Simon filmte Alligatoren, wie sie mit dem ganzen Körper aus dem Wasser hochschnellten, um nach Reihern zu schnappen, die auf Ästen über ihnen saßen. Voll ausgewachsene Exemplare können über Waschbären, Kälber und gelegentlich auch Menschen herfallen.

China-Alligator
Alligator sinensis

VERBREITUNGSGEBIET: Heute lebt diese Art nur in einem ziemlich begrenzten Gebiet im unteren Jangtsebecken landeinwärts von Schanghai zwischen dem Taisee und dem Hauptarm des Stroms. In historischen Zeiten waren sie viel verbreiteter: Ihr Vorkommen erstreckte sich über den ganzen mittleren Bereich und große Teile des oberen Jangtse und reichte im Westen fast bis zum hundertzehnten Längengrad, im Norden bis zum oberen Einzugsgebiet des Huang Ho. Diese Teile Chinas sind jedoch sehr dicht besiedelt, infolgedessen mußte der Alligator dem Druck der landwirtschaftlichen und urbanen Entwicklung weichen.
LEBENSRAUM: Das heutige Refugium des China-Alligators besteht aus einem Sumpfgebiet mit zahlreichen Teichen und Seen, das jeden Sommer überflutet wird. Dies ist ein ideales Gebiet für die Art, das sich zudem – für ihr Überleben wesentlich – als für die Landwirtschaft ungeeignet erweist. Rudel bevölkern im Hügelland Tümpel, wo es weniger Menschen, aber reichlich Futterquellen gibt. Nach jahrhundertelanger Verfolgung durch den Menschen wurde die Art vorwiegend nachtaktiv. Den Großteil des Tages verbringen die Tiere in Gruben am Ufer, wo sie von Oktober bis März auch überwintern.
AUSSEHEN UND GRÖSSE: Auf den ersten Blick gleicht der China-Alligator einer Kleinausgabe des Mississippi-Alligators, mit

Wegen ihres Halskragens aus breiten Platten und sechs Reihen Rückenschuppen statt vier werden die Sumpfkrokodile auf Sri Lanka oft als eigenständige Unterart klassifiziert.

dem er sehr eng verwandt ist. Alttiere sind grünlich-schwarz am Rücken, mit gelben Streifen und Flecken an den Seiten. Der Bauch ist grau. Dennoch bestehen im Vergleich zum Mississippi-Alligator mehrere feine Unterschiede: Die oberen Augenlider sind verknöchert, der Kopf ist massiger, und die Schnauze ist sehr breit und auffallend nach oben gebogen. Jungtiere sind im Grundton schwarz wie die amerikanischen Verwandten, zeigen aber weniger gelbe Streifen. In altchinesischen Aufzeichnungen aus dem siebten vorchristlichen Jahrhundert ist von drei Meter großen Alligatoren die Rede, doch werden sie heute selten länger als anderthalb Meter, die Exemplare in Museumssammlungen mitgerechnet.

FORTPFLANZUNG: Die Geschlechtsreife tritt im Alter von vier bis fünf Jahren ein. Der Nisthügel wird im Juni oder Juli aus Gras und trockenem Laub gebaut und das Gelege aus zehn bis vierzig Eiern gleich dem Mississippi-Alligator deponiert. Die Brutzeit beträgt zehn Wochen. Es gibt keine Hinweise auf mütterliche Brutpflege, doch das könnte daran liegen, daß man diese Art in der Wildnis noch nicht eingehend studiert hat.

NAHRUNG: Die kräftigen Kiefer und abgerundeten hinteren Zähne des China-Alligators lassen vermuten, daß er harte Gegenstände zu knacken vermag. Seine Nahrung besteht aus Schnecken, Venusmuscheln und wohl auch aus in seinem Lebensbereich häufig vorkommenden Dosenschildkröten. Jungtiere fressen Insekten und kleine Wirbellose, und im Mageninhalt älterer Tiere fand man die Überreste von Ratten. Der China-Alligator ist zu klein und zu scheu, um dem Menschen gefährlich werden zu können.

Brillenkaiman
Caiman crocodilus

VERBREITUNGSGEBIET: Die Gattung der Brillenkaimane verdankt ihren Namen den knochigen Ringen um die Augenhöhlen und der sie verbindenden Querleiste, die den Eindruck einer Brille vermitteln. Ihr riesiges Verbreitungsgebiet reicht von Südmexiko bis zum subtropischen Südamerika nahe der Grenze zwischen Paraguay und Argentinien. Sie besteht aus drei (oder sechs) Unterarten. Im Norden ist der Braune Kaiman, *Caiman crocodilus fuscus*, von Südmexiko bis Venezuela, Kolumbien und Ecuador verbreitet; der Gemeine Kaiman, *Caiman crocodilus crocodilus*, ist östlich der Anden von Venezuela bis zum brasilianischen Amazonastiefland heimisch, und der Jacare, *Caiman crocodilus yacare*, lebt im Bundesstaat Mato Grosso. Zwei weitere Unterarten, *Caiman paraguayensis* und *Caiman matogrossoensis*, kommen im Verbreitungsgebiet des Jacare vor, und schließlich lebt in Kolumbien in einem sehr kurzen Abschnitt des Rio Apaporo noch die Unterart *Caiman apaporiensis*. In dieser Liste werden sie alle unter dem Oberbegriff Brillenkaimane aufgeführt.

LEBENSRAUM: Brillenkaimane sind sehr anpassungsfähig und haben daher weniger unter den Eingriffen des Menschen in ihren Lebensraum gelitten als andere Krokodile. Sie können in praktisch jedem offenen Gelände wie Sumpf, Savanne, Fluß oder See gedeihen. Die Tiere ziehen langsame oder stehende Gewässer reißenden Flüssen vor und halten sich lieber in der Sonne als im Schatten auf. Man hat schon welche in Viehtränken, Wasserbehältern und sogar in Höhlen am Straßenrand gefunden. Der Gemeine Kaiman verträgt auch Meereswasser und gelangte bis nach Trinidad.

AUSSEHEN UND GRÖSSE: Alttiere sind am Rücken graugrün, am Bauch heller, mit dunklen Streifen am Schwanz. Die »Brille« ist schon beschrieben worden. Die Unterarten variieren in der Färbung, mitunter sogar regional: So ist der Braune Kaiman im Norden seines Verbreitungsgebiets braun, im Süden indes olivgrün. Auch die Jungtiere sehen nicht einheitlich aus, aber die Standardfärbung besteht aus einem gelblichbraunen Untergrund mit schwarzen Querbinden um Körper und Schwanz.

FORTPFLANZUNG: Brillenkaimane bauen Bruthügel aus Erde, vermischt mit Laubstreu sowie herabgefallenen Blättern und Zweigen. Abhängig von Alter und Größe legt das Weibchen zwischen fünfzehn und vierzig Eier (durchschnittlich fünfundzwanzig bis dreißig). Die Brutzeit dauert zehn bis zwölf Wochen. Das Männchen öffnet das Nest und knackt die Eier mit den Zähnen, um die Jungen zu befreien, während das Weibchen im nahegelegenen Wasser auf sie wartet.

NAHRUNG: Anfangs erbeuten die Babys Wasserkäfer, später gehen sie zu Krebsen, Wasserschnecken und kleinen Fischen über. Alttiere fressen Welse und Aas zur Trockenzeit und kleine Rehe und Schweine, hauptsächlich aber Fische während der Regenzeit. Allen Kaimanen wird nachgesagt, daß sie die Wasserschnecken so stark dezimieren, daß diese nicht als Zwischenwirt für menschliche Parasiten fungieren können. Das stimmt aber nicht: In Gewässern mit großen Kaimanpopulationen leben besonders viele Schnecken, die in dem wegen der Ausscheidungen der Kaimane üppigen Wasserpflanzenbewuchs reiche Nahrung finden.

Mohrenkaiman
Melanosuchus niger

VERBREITUNGSGEBIET: Die Art ist im gesamten Amazonasbekken beheimatet und gelangt über nordwärts fließende Flüsse mitunter bis nach Guyana. Durch Bejagung wegen ihrer Haut

hat ihre Population nun im gesamten Verbreitungsgebiet drastische Verluste erlitten.
LEBENSRAUM: Der Mohrenkaiman zählt mittlerweile zu den bedrohten Tierarten. Er bevölkerte in früheren Zeiten oft Strände und freies Gelände, heute hat er sich an Seen und träge Flußläufe tief im Schwemmlandwald zurückgezogen. Jungtiere kann man noch immer im offenen Wasser in der Nähe treibender Grasmatten sehen, aber falls sie überleben, suchen sie abgelegenere Orte auf, sobald sie großer sind.
AUSSEHEN UND GRÖSSE: Die Tiere sind, wie der Name schon besagt, vorwiegend schwarz, am Bauch blaß-gelblich. Der breite Kopf mit der ziemlich spitzen Schnauze ist heller braun mit dunklen Flecken. Jungtiere sind tiefschwarz, mit hellgrauer Kopffärbung und Reihen weißer oder gelber Punkte, die unterbrochene Querbinden auf dem Körper bilden. Früher erreichten alte Exemplare eine Länge von sechs Metern, was sie zu den größten Raubtieren auf dem südamerikanischen Kontinent machte; heute gelten schon viereinhalb Meter als sehr groß.
FORTPFLANZUNG: Das Nest ist ein Hügel aus Pflanzenmaterial ähnlich dem des Mississippi-Alligators, bloß meist viel größer. Das Gelege enthält dreißig bis drei Dutzend Eier, die Brutzeit beträgt rund sechs Wochen.
NAHRUNG: Mohrenkaimane fressen hauptsächlich nachts; ihr Hör- und Sehvermögen ist ausgezeichnet. Jungtiere ernähren sich von Insekten und der üblichen Wirbellosenkost. Alttiere tun sich in der Trockenzeit an Fischen gütlich, wenn diese bei Niedrigwasser in Tümpelchen konzentriert sind, aber die wichtigste Beute größerer Exemplare sind in der Regenzeit Capybaras, jene zahlreich im Amazonasurwald vorkommenden Nagetiere. Ein unerwartetes, infolge der empfindlichen Dezimierung der Mohrenkaimane verursachtes Problem tauchte insofern auf, als sich die Capybaras nun explosionsartig vermehrten, da ihre Population nicht mehr durch Freßfeinde reguliert wurde. Die gefräßigen Nager vernichteten die Ernte etlicher Dschungeldörfer.

Eine weitere ökologische Katastrophe vollzog sich im Wasser: Ohne den nahrhaften Kaimankot sank der Planktongehalt, und die Fischbrut, die sich bis dahin von tierischem und pflanzlichem Plankton ernährt hatte, ging ein. Infolgedessen sind nun manche Fischarten erheblich gefährdet – mit einer Ausnahme. Einige Piranhaarten, die früher massenhaft von Mohrenkaimanen erbeutet wurden, gedeihen jetzt dermaßen prächtig, daß es riskant ist, Vieh auf überflutete Weiden zu treiben, wo sich die Fische sammeln. Der Mohrenkaiman ist die einzige Kaimanart, die als für Menschen gefährlich angesehen wird, doch gibt es nur sehr wenige Berichte von Zwischenfällen.

Breitschnauzenkaiman
Caiman latirostris

VERBREITUNGSGEBIET: Diese Art ist auf den Osten Südamerikas vom Rio Grande do Norte in Brasilien bis Uruguay beschränkt. Sie kommt in Flüssen des Landesinnern, im Süden bis zum Rio Paraguay Argentiniens vor.
LEBENSRAUM: Der Breitschnauzenkaiman besiedelt meist flache Süßwassersümpfe oder Fließgewässer mit dichter Ufervegetation, aber auch Mangroven an großen Flüssen und bewachsene Uferränder von Seen. Er kommt auch mit Brack- und Meerwasser zurecht.
AUSSEHEN UND GRÖSSE: Die Tiere sind am Rücken dunkelgrünlich, auf dem Bauch gelb; der Schwanz ist heller, mit dunklen Bändern. Sie haben einen breiten, massig wirkenden Kopf mit einer knöchernen Querleiste vor den Augen. Im Norden des Verbreitungsgebiets erreicht die Art selten eine Länge von über drei Metern, im Süden wird sie nur knapp zwei Meter lang.
FORTPFLANZUNG: Das Weibchen baut nahe am Wasser einen Bruthügel aus faulender Vegetation. Das Gelege enthält zwischen dreißig und sechzig Eier. Die Brutzeit beträgt acht bis zwölf Wochen, während der das Weibchen das Nest ständig bewacht. Beide Eltern kümmern sich ein Jahr lang um die Jungen.
NAHRUNG: Jungtiere fressen Insekten und Krustentiere, ausgewachsene Tiere ernähren sich von Schnecken, Krebsen und erbeuten nur gelegentlich kleine Wirbeltiere wie Eidechsen, Nager oder Vögel.

Keilkopf-Glattstirnkaiman
Palaeosuchus trigonatus

VERBREITUNGSGEBIET: Die tropischen Regenwälder des Amazonas- und des Orinokobeckens sowie Guyana, Französisch-Guayana und Surinam sind sein Zuhause. Dieses kleinwüchsige Tier dürfte heute die häufigste Krokodilart der Welt sein.
LEBENSRAUM: Die Glattstirnkaimane sind möglicherweise eine alte Nebenlinie der Krokodilhauptgruppe, da sie viele primitive Merkmale aufweisen, was auch ihr Name *Palaeosuchus* (»altes Krokodil«) andeutet. Andererseits könnten einige Merkmale vielleicht der Anpassung an das Leben im dichten Wald entstammen.
AUSSEHEN UND GRÖSSE: Der Keilkopf-Glattstirnkaiman ist dunkel gefärbt und sehr stark gepanzert: Die Schuppen an Hals und Schwanz sollen so scharf sein, daß man ein zappelndes

Tier nur mit Mühe festhalten kann. Beiden Arten fehlt die »Brille« der anderen Kaimane. Das Männchen des Keilkopf-Glattstirnkaimans erreicht etwa 1,7 Meter, das Weibchen nicht einmal mehr anderthalb Meter Körperlänge.
FORTPFLANZUNG: Weibchen erlangen mit 1,5 Metern, Männchen mit 1,4 Metern Geschlechtsreife. Der Bruthügel wird gegen Ende der Trockenperiode gebaut, und nach zwölf bis dreizehn Wochen schlüpfen zu Beginn der Regenzeit die zehn bis fünfzehn Jungen.
NAHRUNG: Aufgrund seiner halbterrestrischen Lebensweise frißt der Keilkopf-Glattstirnkaiman weniger Fische oder Schnecken als andere Kaimane. Seine Hauptnahrung bilden Schlangen, Vögel und Eidechsen, aber auch Säuger wie Stachelschweine und Nagetiere. Die Jungen erbeuten anfangs Insekten, gewöhnen sich aber rasch an die Kost der Alttiere.

Brauen-Glattstirnkaiman
Palaeosuchus palpebrosus

VERBREITUNGSGEBIET: Deckt sich mit dem der vorigen Art, reicht aber entlang der Flüsse Paraguay und Paraná weiter nach Süden. Der Brauen-Glattstirnkaiman kommt ebenso verbreitet vor wie der Gemeine Kaiman, allerdings in viel geringerer Populationsdichte.
LEBENSRAUM: Von der vorgenannten unterscheidet sich diese Art dadurch, daß sie häufiger an Seeufern im Wald und seltener an kleinen Flußläufen auftritt. Mit erhobenem Kopf sonnen sich die Tiere oft oberhalb des Ufers auf Felsplatten. Dank ihrer rostbraunen Farbe sind sie im Wasser zwischen welken Blättern kaum zu sehen.
AUSSEHEN UND GRÖSSE: Alttiere sind hellbraun gefärbt, mit rötlichem bis rostbraunem, massiv gepanzertem Kopf. Der Schädel mit der stumpfen, nach oben gebogenen Schnauze ist kürzer und breiter als beim Keilkopf-Glattstirnkaiman. In der Jugend haben die Tiere einen gelblich-braunen Kopf mit hellbraunem Unterkiefer und schwarzen bis dunkelbraunen Querstreifen an Körper und Schwanz. Erwachsene Männchen erreichen etwa anderthalb, Weibchen bis zu 1,2 Meter Länge.
FORTPFLANZUNG: Der Brauen-Glattstirnkaiman wurde etwas eingehender studiert, deshalb gelangte man bezüglich seiner Nistgewohnheiten zu eingehenderen Erkenntnissen als im Fall des Keilkopf-Glattstirnkaimans. Der Bruthügel wird aus feuchter, verrottender Vegetation, vermischt mit Zweigen und Schlamm, an einem schattigen Ort errichtet. In eine Kammer oben im Hügel, wo der Fäulnisprozeß die Temperatur etwas höher hält als die der Umgebungsluft, legt das Weibchen zehn bis zwölf Eier. Die Brutzeit beträgt rund zwölf bis dreizehn Wochen. Sind die Jungen schlüpfreif, gräbt die Mutter die Eier aus. Von Brutfürsorge ist bei dieser Art nichts bekannt, doch ist sie durchaus denkbar.
NAHRUNG: Sie gleicht praktisch der des Keilkopf-Glattstirnkaimans, aber im Gegensatz zu diesem weisen deutliche Anzeichen auf Kannibalismus hin. Im Magen des Brauen-Glattstirnkaimans hat man Überreste von Jungtieren beider Arten gefunden.

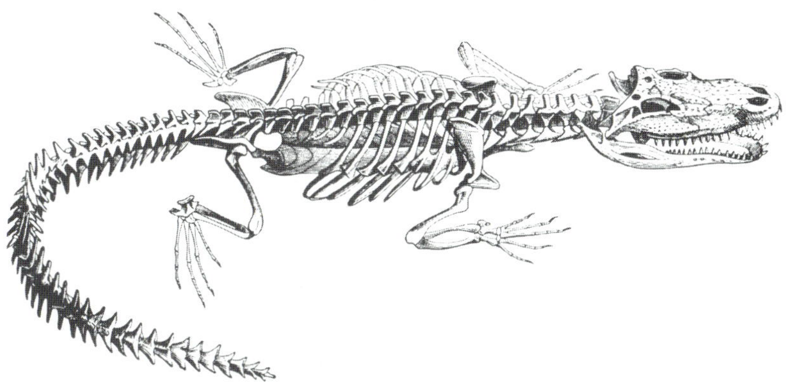

Gaviale
Familie Gavialidae

Gangesgavial
Gavialis gangeticus

VERBREITUNGSGEBIET: Der Gavial (oder Gharial) war einst über die ganze Erde verbreitet: Fossile Verwandte wurden in Nord- und Südamerika, Afrika und Asien gefunden. Die heutige Art lebte ursprünglich von Pakistan über die Spitze des indischen Subkontinents bis Burma. Heute sind die Tiere im wesentlichen auf zwei Populationen beschränkt, von denen die eine im Indus, die zweite, größere, im Ganges (in Indien und Südnepal) und im Brahmaputra (in Bangladesch und Assam) ihre Heimat hat.
LEBENSRAUM: Der Gavial bewohnt tiefe, schnellströmende Flußläufe, aber auch die breiteren, flacheren Nebenflüsse des Ganges im nepalesischen Taraigebiet.
AUSSEHEN UND GRÖSSE: Alttiere sind helloliv bis braun gefärbt, mit dunklen Querbinden und Flecken auf Körper und Schwanz. Die lange, schmale Schnauze streckt der Gavial beim Sonnenbad oft etwas in die Höhe. Seine Hinterfüße sind ganz

mit Schwimmhäuten versehen und die Beine recht schwach, weshalb er an Land etwas unbeholfen wirkt. Beim Schlüpfen sind die Jungtiere unscheinbar dunkelbraun und etwa vierzig Zentimeter lang; einen Tag später sind sie blaßbraun. Ausgewachsene Tiere erreichen eine Länge bis zu sechs Meter; das größte bekannte Exemplar wurde 1924 erlegt und maß sieben Meter.

FORTPFLANZUNG: Das Weibchen legt seine Eier in einem Loch auf einer Sandbank mitten im Fluß oder an sandigen Ufern nicht weiter als zehn Meter vom Wasser entfernt ab. Das Gelege besteht zumeist aus 25 bis 45 Eiern; allerdings fand man 1982 ein Nest mit 97 Eiern, aus denen 69 Junge schlüpften. Die Brutzeit beträgt neun bis dreizehn Wochen; das Weibchen verteidigt das Nest gegen potentielle Eierdiebe, etwa Schakale und Warane. Sobald die Jungen sich in den Eiern bemerkbar machen, graben die Eltern das Nest aus.

NAHRUNG: Gaviale ernähren sich fast ausschließlich von Fischen, die sie seitwärts schnappend erbeuten, wobei Welse ihre Lieblingskost sind. Infolge des starken Rückgangs der Gaviale seit den fünfziger Jahren haben sich die räuberischen Welse jedoch enorm vermehrt und die Anwohner, deren Existenzgrundlage auf Fischfang basiert, in arge Bedrängnis gebracht.

Sundagaviale
Familie Thoracosauridae
Gattung Tomistoma

Sundagavial
Tomistoma schlegelii

VERBREITUNGSGEBIET: Der Sundagavial ist auf der malaysischen Halbinsel, in Südthailand, Borneo und Sumatra heimisch. Subfossile Überreste aus China belegen, daß er dort in prähistorischen Zeiten, vielleicht sogar noch im 17. Jahrhundert, vorkam.

LEBENSRAUM: Süßwassersümpfe, Seen und Flüsse; für das Vordringen in Brack- oder Salzwasser gibt es keine Hinweise. In Gefangenschaft buddeln sich die Tiere Gruben aus, worin sie sich verstecken. In der Wildnis wurde dieses Verhalten jedoch noch nicht beobachtet.

AUSSEHEN UND GRÖSSE: Alttiere zeigen eine dunkle Färbung mit breiten, schwarzen Streifen am Schwanz und schwarzen Binden und Flecken auf Körper und Kopf. Dem Sundagavial fehlt der markante Übergang zwischen Schädel und Schnauze, der dem Gangesgavial sein typisches Aussehen verleiht. Bei *Tomistoma* wächst die stark verlängerte, schmale Schnauze ansatzlos aus dem Kopf. Die Jungen weisen eine ähnliche Zeichnung auf. Ausgewachsene Individuen können bis zu fünf Meter lang werden.

FORTPFLANZUNG: Bei Weibchen tritt die Geschlechtsreife mit etwa fünf Jahren ein, wenn sie drei Meter lang sind. Das Hügelnest aus Altlaub wird an einem schattigen Platz nahe am Wasser gebaut. Das Gelege enthält zwischen zwanzig und sechzig Eier, die Brutzeit dauert zehn bis zwölf Wochen. Offenbar helfen die Eltern den Jungen nicht beim Schlüpfen, und auch von Brutfürsorge ist nichts bekannt.

NAHRUNG: Das Erscheinungsbild des Sundagavials läßt vermuten, daß er wie der Gangesgavial Fische frißt, doch angeblich fällt er auch über Affen an Flußufern her, und in seinem Magen fanden sich die Überreste anderer kleiner Wirbeltiere. Seine Beute ist wohl vielseitiger, als man bislang glaubte.

Legende und Wahrheit
Krokodilstränen

Krokodile können nicht weinen. Der Mythos ihrer Tränen – vermeintlich vergossen, um Mitleid beim Betrachter zu wecken und ihn so in Reichweite der Kiefer zu locken – geht auf eine Erzählung des Forschungsreisenden Sir James Hopkins zurück. Bei seiner Rückkehr aus der Neuen Welt 1565 berichtete er, es gäbe dort »zahlreich Crocodile«, und daß sie in ruchloser Absicht »gar schröcklich schluchtzen«. Hieraus entwikkelten Dichter und Philosophen die Mär von vorgespieltem, mitleidheischendem Kummer, gefolgt von Reue. So gingen ein Satz und ein paar Vorstellungen, basierend auf nichts anderem als einer unkorrekten Interpretation des Warngebrülls eines Alligators, in die Sprache ein.

Krokodilzauber

Der weiße Jäger Frederick Courteney Selous schilderte 1881 in einem Brief, wie sein Begleiter auf einem Nebenfluß des Sambesi ein großes Krokodil schoß. Er warnte den Mann, er solle das nicht die einheimischen Matabele wissen lassen, da sie »bei dem Tier sehr abergläubisch sind und glauben, daß jeder, der von ihrer Leber besessen ist, andere Menschen verhexen und allgemein den Teufel spielen kann«. Die Thonga im Norden Swasilands halten die Leber der Krokodile für giftig – was sie bei leichter Verwesung auch ist – und bestehen darauf, daß sie nach Erlegung eines Tieres öffentlich verbrannt wird, um den restlichen Stamm vor Unheil zu beschützen.

Andernorts glaubt man in Afrika, daß Krokodile die Inkarnation der Geister Verstorbener sind, oftmals gute Hüter der Dörfer, in denen sie einst lebten. Knaben pflegten die Tiere mit Namen herbeizurufen, um ihnen Futter anzubieten. Dies bestand in Uganda auch schon mal aus Feinden des Stammes, die man gefangengenommen hatte, doch in der Regel war es ein symbolischer Bissen, den die Dorfbewohner opferten, um sich der Gunst des Krokodilgeistes zu versichern.

In Uganda und auf Madagaskar ließ man Krokodile zudem Gottesurteile vollstrecken. Ein Angeklagter wurde zum Ufer eines Flusses, den Krokodile bevölkerten, geführt und, nachdem man den Tieren den Fall geschildert hatte, gezwungen, das Gewässer zu durchqueren. Fielen die Krokodile über ihn her, so war er schuldig.

Manche Stämme sehen im Krokodil einen gütigen Nachbarn, so die Nuer im Niltal. Mit dem Forscher Evans-Pritchard wateten sie ruhig durch Flüsse, in denen es vor Krokodilen wimmelte, und erklärten, es sei gefahrlos, weil die Menschen, die in der Nähe lebten, das Krokodil als Totem verehrten. Anderswo schützt ein Zahn oder eine Klaue – vorzugsweise von einem Krokodil, von dem man weiß, daß es Rinder oder Menschen getötet hat – den Träger vor Angriffen der Reptile.

Rache

In vielen Ländern begegnet man dem Risiko eines Angriffs der Krokodile wenn nicht mit Gleichmut, so doch zumindest in fatalistischer Weise. Dort sehen einige Kulturen trotz der Verehrung des Krokodils von Zeit zu Zeit dessen Bestrafung einzelner Tiere für ihr Fehlverhalten als notwendig an. Die Dayak auf Borneo zum Beispiel töten im allgemeinen keine Krokodile. Aber wenn die Eltern eines Kindes, das von einem Krokodil gefressen wurde, darauf bestehen – und dafür ordentlich bezahlen –, begibt sich der Dorfzauberer in der Umgebung auf Krokodiljagd. Er schlitzt den erlegten Tieren solange den Bauch auf, bis er die Überreste des Kindes findet. Das gesamte Dorf bringt sodann den überlebenden Krokodilen ein Opfer – meist eine Katze – als Buße für das Schlachten der unschuldigen Artgenossen dar.

In von Europäern kolonisierten Ländern waren große Krokodile überaus gefürchtet. Es muß in den Flüssen Afrikas, den Sümpfen Louisianas und den nördlichen Regionen Australiens zahllose Opfer unter den frühen Siedlern gegeben haben. Im Unterschied zu den Eingeborenen besaßen die Neuankömmlinge Feuerwaffen und konnten die trägen Tiere leicht töten. Zu Anfang schossen sie Krokodile zweifellos aus Rachsucht, doch kurze Zeit später begann man sie prophylaktisch abzuschlachten.

Der »Sport«, Kaimane von Booten aus abzuknallen, hat in Südamerika lokale Populationen an vielen Orten ausradiert, wo Eingeborene und Krokodile jahrtausendelang nebeneinander existiert hatten. Die »Jäger« meinten sicher, sie täten etwas Gutes und würden das Land sicherer machen. Sie versuchten nicht mal, die Häute zu sammeln (für sie gab es zu jener Zeit noch keinen organisierten Handel), sondern ließen die Kadaver am Ufer verwesen. In Wahrheit schädigten sie beispielsweise durch die großflächige Ausrottung des Mohrenkaimans in seiner Heimat die örtliche Fischerei und waren schuld daran, daß sich die Piranhas in einem bedrohlichen Maß ausbreiteten.

Menschenfresser

Bei seiner Rückkehr aus China im 13. Jahrhundert beschrieb Marco Polo die China-Alligatoren so drastisch, daß die Zuhörer unweigerlich das Grauen überkommen mußte. Seinem Bericht nach waren sie scheußliche, gefräßige Menschenfresser, und »alle Menschen und Tiere müssen angstvoll vor ihnen zittern«. Wie wir wissen, irrte er sich: Der China-Alligator mag vielleicht keine Schönheit sein, doch er ist scheu und gegenüber Menschen nicht angriffslustig.

Einige mittelgroße Arten attackieren oder töten gelegentlich sogar Menschen. Hierzu zählen der Mississippi-Alligator, der Mohrenkaiman, das Orinoko- und das Sumpfkrokodil; vor allem das Spitzkrokodil ist für sein aggressives Verhalten berüchtigt. Doch auch von diesen Arten sind Zwischenfälle mit Menschen kaum bekannt.

Es gibt gerade zwei Spezies, die man zutreffend als Menschenfresser bezeichnen kann: das Nil- und das Leistenkrokodil. Letzteres ist als das einzige Reptil beschrieben worden, das Menschen zu seiner regelmäßigen Beute zählt. Beide Arten werden sehr groß und kommen weitflächig in bewohnten Landstrichen der Erde vor. Ihr Verhalten hat die sehr negative Sichtweise des Menschen bezüglich sämtlicher Krokodile ein für allemal geprägt.

Angriffe von Nilkrokodilen

In freier Wildbahn hat das Nilkrokodil viele Feinde und Konkurrenten, sogar unter seinen Artverwandten. Als Eierdiebe betätigen sich Eidechsen, Schakale und sogar der Mensch; die Jungtiere werden von großen Fischen, Vögeln und anderen Krokodilen gefressen. Zudem lebt das Nilkrokodil unter einer Vielzahl potentieller Beutetiere, darunter große Säugetiere, die es beim Trinken überwältigen kann. Folglich verteidigt es nicht nur sehr energisch Nest und Nachwuchs, sondern verhält sich auch aggressiv gegenüber allem, was es als fressenswert erachtet. Hierzu zählen auch Menschen, die ihm zu nahe kommen.

Eingeborene im Land der Krokodile lernen diesbezüglich beizeiten entsprechende Vorsichtsmaßnahmen. Ihre kleinen Boote erweisen sich als ziemlich unsicher, und sie selbst sind sich der Gefahr bewußt, wann immer sie zum Waschen oder Wasserholen die Flußufer betreten. Besucher solcher Regionen aus der Stadt oder von Übersee verhalten sich dagegen aus Unwissenheit ob der Lautlosigkeit und Blitzartigkeit eines Angriffs häufig sehr unvorsichtig. Zahlreiche Todesfälle resultieren aus dieser Ignoranz.

Ein reglos im schlammigen Wasser zwischen Schilfgräsern oder Seerosen liegendes Krokodil läßt sich nur schwer ausmachen. Augen, Ohren und Nasenlöcher sind alles, was von ihnen zu sehen ist. Beutetiere oder mögliche Feinde, einschließlich Menschen, können bis auf wenige Meter herankommen, ohne das Krokodil zu bemerken. Sobald sie es sehen, ist es zu spät.

Hat ein Krokodil vom Wasser aus ein potentielles Opfer erspäht, taucht es und nähert sich schwimmend lautlos dem Ufer. Im letzten Moment macht es einen Riesensatz und rennt, von der Wucht des Angriffs beschleunigt, oft noch einige Meter die Böschung hinauf. Ein ausgewachsenes Exemplar bringt bis zu tausend Kilogramm auf die Waage und kann Großwild wie Gnus oder Büffel zu Boden reißen; der vergleichsweise zierliche Mensch hätte da keine Überlebenschance.

Am gefährlichsten ist der Aufenthalt im Krokodilland zur Brutzeit, wenn erwachsene Männchen ihr Revier verteidigen und beide Geschlechter die Nester bewachen. Bei einer Untersuchung von 43 Angriffen im Norden Swasilands und in Südmosambik fand man heraus, daß sich 39 von ihnen während der Brutsaison zwischen November und April ereigneten. Viele gingen dabei auf das Konto von kleinen, möglicherweise jugendlichen Krokodilen von etwa zweieinhalb Metern Länge und hundert Kilogramm Gewicht: Die Attacken verliefen selten tödlich, wenngleich die Opfer schlimme Verletzungen erlitten. Größere Krokodile vermochten nicht zuletzt aufgrund der Schockwirkung zu töten, vor allem aber konnten sie rascher tiefere Wunden reißen und ihre Opfer ins Wasser zerren, um sie zu ertränken.

Angriffe von Leistenkrokodilen

Der Großteil der Angriffe von Nilkrokodilen steht im Zusammenhang mit Nest- oder Revierverteidigung, während das Leistenkrokodil dagegen häufiger auf Raub aus ist. In Dörfern Südostasiens bringen Krokodile seit jeher regelmäßig den Tod, und in Afrika sind sich die Touristen nicht der Gefahr bewußt. Der Erfolg des Films »Crocodile Dundee« und das Verhalten seines Hauptdarstellers taten wenig, das Risiko von Krokodilzwischenfällen in Nordaustralien zu senken. Indem der Streifen eine Machohaltung gegenüber der Gefahr propagierte, ist die Sorglosigkeit womöglich sogar noch größer geworden.

Von Leistenkrokodilen weiß man, daß sie Menschen nur bis Knöcheltiefe im Wasser angreifen. Fischer sind sogar schon vom Ufer weg einen Meter oder höher die Böschung hinaufgeschleift worden. In Flüssen oder an Küsten mit Krokodilen

Der Mississippi-Alligator greift nur selten Menschen an. In jüngster Zeit wurden ein oder zwei Kleinkinder in Florida behelligt, und gelegentlich tauchen Berichte auf, nach denen sich Alligatoren an Fischer anschleichen – wahrscheinlich, weil die Reptilien jetzt, da sie geschützt sind, ihre Angst vor Menschen verloren haben. Zwischenfälle mit tödlichem Ausgang wurden aber schon seit vielen Jahren nicht mehr gemeldet.

baden oder schwimmen zu wollen, ist glatter Selbstmord. Angesichts der deutlichen Gefahr überrascht es, daß man in Nordaustralien zwischen 1975 und 1988 nur zwölf Todesfälle durch Krokodile verzeichnete. Die Zahl der Opfer, die verletzt überlebten, liegt um ein Mehrfaches höher.

Schutz für Krokodile

Bedrohte Krokodile

Die kommerzielle Ausrottung der Krokodile wegen ihrer Haut begann erst zur Mitte des 19. Jahrhunderts, als man in jenen Ländern, die über Kolonien mit großem Krokodilreichtum verfügten, die Qualität des Leders erkannte. Davor wurden sie nur in relativ geringem Umfang bejagt, hauptsächlich von Eingeborenen als Nahrung beziehungsweise für rituelle Zwecke oder von weißen Siedlern aus Furcht und Abscheu. Letzteres wirkte sich zwar nachhaltig auf einzelne Populationen wie die des Mohrenkaimans aus, doch erst die organisierte Verfolgung fügte Krokodilpopulationen in aller Welt großen Schaden zu.

Siebzehn Krokodilarten oder -unterarten werden von der CITES (Konvention über den internationalen Handel mit bedrohten Arten) als gefährdet eingestuft. Nur fünf Arten – der Mississippi-Alligator, beide Glattstirnkaimane, das Australien- und das Neuguinea-Krokodil – sind gegenwärtig nicht bedroht. Teile mancher Bestände werden noch immer abgeschossen, etwa das Nilkrokodil in Simbabwe und anderen Ländern Afrikas oder das Leistenkrokodil in Australien und Papua-Neuguinea. In anderen Territorien ist die Jagd durch jährliche Abschußquoten im Sinne langfristiger Artennutzung reglementiert.

Handel mit Krokodilen

Viele Länder mit endemischen Krokodilpopulationen bemühen sich derzeit, den Handel in den Griff zu bekommen. Von der Zucht der Tiere bis zur Vermarktung der aus ihrem Leder hergestellten Produkte bauen sie hierfür oft eine ganze Industrie im Land auf. Das Hauptproblem bei dieser Vorgehensweise ist, daß neben dem legalen auch stets ein grauer Markt für Häute von Wildfängen weiterbestehen wird. Man forscht immer noch nach Möglichkeiten zur Markierung oder Identifizierung der von Zuchttieren stammenden Häute.

Ein Kompromiß in dieser Richtung ist die künstliche Bebrütung von Eiern, die in freier Wildbahn Nestern entnommen wurden. In Ländern, die diese Aufzuchtmethode praktizieren, sollen die Zuchtbetriebe zur Unterstützung der natürlichen Population einen Teil der ausgewachsenen Tiere wieder in die Freiheit entlassen – ein Vorhaben, das sich aber nur schwer durchsetzen läßt.

Hauptausfuhrland von Krokodilhäuten ist der pazifische Inselstaat Papua-Neuguinea, der rund vierzig Prozent des legalen Weltmarkts liefert. (Fünfundsiebzig Prozent des Gesamtmarkts machen Häute des Gemeinen Kaimans aus, die Tiere werden meistens illegal geschossen.) Dort werden Leisten- und Neuguinea-Krokodil nach sorgfältig überwachten Richtlinien gejagt, die sowohl Anzahl als auch Größe der zu fangenden Tiere festlegen. Krokodile werden zunehmend in Gefangenschaft gezüchtet und die Jahresquoten für Wildfänge gesenkt, um das Gesamtangebot an Häuten auf einem Niveau zu halten, bei dem die Preise auf dem Weltmarkt stabil bleiben. Krokodilfarmen sind auch eine aufstrebende Branche in Nordaustralien, wo es mindestens acht große Zuchtbetriebe gibt.

Die Krokodilbank

Die Madras Crocodile Bank wurde 1975 von Romulus Whitaker, einem in Indien aufgewachsenen Amerikaner, mit Unterstützung des WWF (World Wildlife Fund for Nature) ins Leben gerufen. Er begann mit vierzehn Sumpfkrokodilen; heute tummeln sich auf dem über vier Hektar großen Areal zehn verschiedene Krokodilarten, dreieinhalbtausend Tiere insgesamt. Inzwischen fließen aus diversen Quellen Gelder, unter anderem von der Lederindustrie. Die Zucht war so erfolgreich, daß sie nun unter akutem Platzmangel leidet. Man hat über fünfhundert Sumpfkrokodile an Orten ausgesetzt, wo sie selten geworden waren, oder zu anderen Aufzuchtstationen gebracht, doch der Bestand zählt noch immer fast dreitausend Tiere, die von den ersten Exemplaren abstammen. Jedes Jahr kommen etwa eine halbe Million Besucher und tragen damit zur wichtigen öffentlichen Bildungsarbeit der Bank bei.

In einer gemeinsamen Aktion der Ernährungs- und Landwirtschaftsorganisation (FAO) und dem Aufbauprogramm der Vereinten Nationen (UNDP) ist es gelungen, die Zukunft des Gavials in Indien zu sichern. Aufgrund von Bejagung, aber auch infolge der Zerstörung seiner Lebensräume machte sein Bestand Mitte der siebziger Jahre gerade noch dreißig Tiere aus. Indem man Eier in der Wildnis sammelte, die Jungen aufzog und sie in vorbereitete Schutzgebiete entließ, sobald sie für sich selbst sorgen konnten, erhöhte sich durch das FAO/UNDP-Projekt die Wildpopulation auf über dreitausend Tiere.

Die Zukunft für Krokodile

Bei der Kontrolle des Handels mit Krokodilhäuten wurden schon immense Fortschritte erzielt, aber auch bei den Bemühungen, Tierfarmen, Aufzucht in Gefangenschaft und andere Methoden zur Begrenzung der Wildfangquoten zu fördern. Jedoch reicht dies alles nicht aus, um die genetische Vielfalt von Populationen zu erhalten, weil nur zu oft sämtliche Tiere einer Farm von einem kleinen Grundbestand abstammen. Die Schutzbestrebungen müssen auch dahin gehen, Lebensraum dort zu rekultivieren, wo er durch menschliche Aktivitäten geschädigt oder zerstört wurde. Dies erfordert die Schaffung eines Netzes von Naturreservaten und Nationalparks. Einige Länder haben hier schon gute Ansätze bewiesen, doch es bleibt noch viel zu tun.

Ein schwerwiegender Nachteil beim Krokodilschutz liegt darin, daß Krokodile keine Pandas sind: Man kann sie in keiner Weise als knuddelig bezeichnen. Noch immer gibt es Länder, in denen sie nicht nur gehaßt, sondern offiziell als Schädlinge betrachtet werden.

Nachdem 1985 und 1986 in Queensland, Australien, mehrere Menschen durch Krokodile zu Tode kamen, schossen Fischer sofort auf jedes Leistenkrokodil – ungeachtet der Illegalität ihres Vorgehens. Der Umweltminister der Provinz bestand öffentlich darauf, die Krokodile vollständig ausgerottet sehen zu wollen.

Auf Madagaskar, wo der Schutz der Lemuren gute Fortschritte verzeichnet, gelten Nilkrokodile laut einem 1962 verabschiedeten und noch gültigen Gesetz als Schädlinge. Seit Mitte der fünfziger Jahre, als sie noch stark verbreitet waren und im Betsiboka River in Massen vorkamen, sind sie sehr selten geworden. Der jüngste Bericht der Internationalen Union für die Erhaltung der Natur und der natürlichen Hilfsquellen (IUCN) erwähnt sie als »sehr verstreut und rar«. Angesichts dessen versteht man kaum, wie sie die CITES-Konferenz 1985 von Anhang I (Rote Liste der bedrohten Arten) in Anhang II (derzeit nicht gefährdete Arten) übernehmen und so den Handel mit ihren Häuten legalisieren konnte. Es wurde eine jährliche Quote von tausend Häuten festgelegt, doch niemand weiß, ob in dieser faszinierenden, isolierten Population überhaupt noch so viele Exemplare existieren.

Laßt die Überlebenden überleben

Die Krokodile haben als einzige der Archosaurier vom Zeitalter der Dinosaurier bis in unsere Gegenwart überlebt. Sie erhellen unsere Forschungen über fossile Lebewesen und eine Zeit, als es auf der Erde weder Vögel noch Säugetiere gab, von Menschen ganz zu schweigen. In ihrem gesamten Verbreitungsgebiet sind sie durch das Unwesen des Menschen bedroht, vor allem durch Krokodiljäger, aber auch durch die Schädigung

ihres Lebensraums und das durch Angst und Haß verursachte Abschlachten. Manch einer wird argumentieren, dies sei eine Erweiterung der natürlichen Auslese, die Krokodile hätten ihre Blütezeit hinter sich und seien in einer modernen Welt nicht überlebensfähig. Die Antwort hierauf lautet, daß in den meisten Orten, wo sie noch vorkommen, Krokodile ein wesentlicher Faktor des lokalen Ökosystems sind – man denke nur an den Mohrenkaiman.

Außerdem haben Tiere, die mit den größten globalen Katastrophen – dem Massensterben am Ende der Kreidezeit sowie einer Reihe Eiszeiten – zurechtgekommen sind, allen Anspruch darauf, auch das Treiben einer kleinen, zweibeinigen Säugetierart zu überleben, die sich rühmt, als einzige Spezies jemals ein Bewußtsein entwickelt zu haben.

Beispiele verschiedener Arten

Mississippi-Alligator

Nilkrokodil

Sumpfkrokodil

Australien-Krokodil

Siam-Krokodil

Neuguinea-Krokodil

Rautenkrokodil

Beulenkrokodil

China-Alligator

Orinoko-Krokodil

Brillenkaiman

Stumpfkrokodil

Gangesgavial

Spitzkrokodil

Sundagavial

Fortpflanzung, Geburt und Nachwuchs

Entgegen ihrem schrecklichen Ruf – der teilweise gerechtfertigt ist, andererseits aber auch von einem zu bereitwilligen Glauben an zweifelhafte Volkssagen und übertriebene Reiseberichte herrührt – sind Krokodile sowohl bei ihren Balz- und Paarungsritualen als auch bei der Fürsorge und Aufzucht ihrer Jungen bemerkenswert friedliche und liebevolle Geschöpfe.

So illustrieren die Aufnahmen in diesem Kapitel etwa die heitere Gelassenheit, mit der ein Nilkrokodilpärchen im träge fließenden Strom zusammenkommt – freilich erst, nachdem das Männchen durch äußerst aggressives Dominanzverhalten schwächere Rivalen vertrieben und seine Ansprüche auf das Weibchen seiner Wahl kundgetan hat.

Ebenso wird das Bemühen der Krokodilmutter um ihren Nachwuchs beleuchtet: ihre Sorgfalt beim Nestbau und ihre liebevolle Obhut, in der die Jungen bis zu vier Jahre lang bleiben – bis dahin sind sie für zahllose Freßfeinde einschließlich ihrer älteren Geschwister eine leichte Beute –, erinnern an die ausgeprägte Mutterliebe etlicher Vogelarten, mit denen Krokodile denn auch ein jahrmillionenaltes gemeinsames Erbe teilen.

LINKS

Die Mutterliebe der Alligatorweibchen zu ihren Jungen, die mitunter vier Jahre anhält, steht scheinbar in scharfem Kontrast zum wilden Ruf der Tiere. Doch das sollte uns nicht verwundern: Schließlich haben Krokodile und Vögel (die vorbildliche Eltern sind) gemeinsame Vorfahren.

Die Balz der Nilkrokodile kann ein überraschend zärtlicher Akt sein, der sich gewöhnlich am frühen Nachmittag vollzieht. Nach anfänglichen Turteleien (oben), in deren Verlauf es alle männlichen Rivalen von der künftigen Partnerin vertreibt, legt sich das dominante Männchen im Wasser neben das Weibchen, preßt sich mit schlängelnden Bewegungen gegen dessen (rechts oben) Leib und reibt seinen Unterkiefer am Nacken der Partnerin (rechts Mitte). Die Paarung erfolgt nur mit ihrer Unterstützung (rechts unten). Sie wird vom Männchen mit den Klauen gepackt, während sie etwa zwei Minuten lang kopulieren. Das dominante Männchen paart sich mit fast allen Weibchen seines Rudels. Im Laufe eines Nachmittags vermag es dies mehrfach zu tun, jeweils mit etwa einer Stunde Ruhepause dazwischen.

OBEN

Mississippi-Alligatoren bei der Paarung. Dieser geht eine ausgedehnte Balz voraus, während der das Männchen das Weibchen mit einem Vorderfuß streichelt und seine Kehle an ihrem Hals reibt. Dabei soll es aus seinen Kehldrüsen einen Duftstoff absondern, der die Auserwählte erregt.

LINKS

Oft regt das Sumpfkrokodilweibchen zur Balz an, indem es mit hochgerecktem Kopf das Männchen umschwimmt. Als Antwort kann dieses seinen Unterkiefer an Kopf und Körper des Weibchens reiben. Die Paarung beginnt an der Oberfläche, endet aber häufig unter Wasser.

Die Schnauze des männlichen Gangesgavials weist am Ende ein knollig verdicktes Gebilde auf, dessen Funktion noch unklar ist. Mit der Atmung oder einem Geruchssinn hat das Organ wohl nichts zu tun, denn es läßt sich nicht wasserdicht verschließen, und es enthält offenbar keine spezialisierten Sinneszellen. Einer Theorie zufolge könnte die Verdickung als Resonator bei der Balz dienen.

Wenn nach rund siebzig Tagen die Eier schlüpfreif sind, räumt das Weibchen des China-Alligators die Blätter und Zweige oben vom Nisthügel beiseite und befreit das Gelege. Die Babys, zehn bis vierzig an der Zahl, sind beim Schlüpfen zwanzig Zentimeter lang. Ihre helle Zeichnung fungiert als wirksame Tarnung bei wechselhaften Lichtverhältnissen. Im Alter von etwa vier bis fünf Jahren werden sie geschlechtsreif.

Neuguinea-Krokodile schlüpfen nach einer Brutzeit von achtzig bis neunzig Tagen. Während der ersten zwei bis vierzehn Tage brauchen sie nicht zu fressen, denn sie haben noch den restlichen Dottersack als Futtervorrat. Ihre Temperatur ist zu dieser Zeit hoch; sobald sie normal zu fressen beginnen, sinkt sie auf etwa zweiunddreißig Grad Celsius.

Die Angst vor Aggressionen älterer Tiere, insbesondere von männlichen Revierinhabern, veranlaßt junge Alligatoren oft, Gruppen mit Altersgenossen zu bilden.

Mississippi-Alligatoren können von ihrer Mutter bis zu vier Jahre lang betreut werden. Wenn ihre Querstreifen verblassen, sind die Jungtiere zu groß für andere Beutejäger. Nun können sie ihren Platz in der Gesellschaft der Alttiere einnehmen.

Die leuchtende Färbung eines einjährigen Mississippi-Alligators verschafft ihm in den Sümpfen, wo er unter der Obhut seiner Mutter aufwächst, eine erstaunlich wirksame Tarnung.

Jugendliche Nilkrokodile suchen häufig einsame Tümpel und stehende Gewässer auf, wo sie sich vor gefährlichen Begegnungen mit ihren größeren Verwandten sicher fühlen. Vor allem zur Paarungszeit ist die Bedrohung durch Alttiere der eigenen Art für kleinere Tiere keinesfalls ausgeschlossen.

RECHTS

Frisch geschlüpfte Krokodile haben etliche Freßfeinde, darunter Reiher, Fischadler, Dosenschildkröten und Welse. Normalerweise bleiben sie in Gruppen nahe bei der Mutter, bis sie als Beute zu groß sind.

Sumpfkrokodile legen ihre Eier in ein Loch im sandigen Boden nahe am Wasser. Wenn die Jungen geschlüpft sind, rufen sie durch Piepstöne die Eltern herbei, die sie dann zum Wasser tragen. Überfällige Eier knacken die Alttiere mit den Zähnen, um die Kleinen zu befreien.

Das Gelege eines Leistenkrokodils. Jedes Nest kann zwanzig bis neunzig Eier enthalten, die zwischen fünfzig und fünfundneunzig Millimeter lang und fünfzig bis hundertfünfzig Gramm schwer sind. Unterstützt durch die Wärme, die im Nisthügel aufgrund der faulenden Vegetation entsteht, schlüpfen die Jungen nach rund neunzig Tagen.

Stoffwechsel und Fortbewegung

Für eine – oberflächlich gesehen – primitive Kreatur zeigt das Krokodil eine komplexe und faszinierende Lebensweise. Viele seiner Lebensgewohnheiten beruhen auf dem Umstand, daß es zur Wärmeregulierung seines Blutes über keinen inneren Kontrollmechanismus verfügt.

Da sich Krokodile normalerweise nur innerhalb eines ganz engen Temperaturbereichs wohl fühlen, müssen sie einen Großteil ihrer Zeit darauf verwenden, Mittel und Wege zu finden, ihre Systeme aufzuwärmen beziehungsweise abzukühlen. Und so nehmen sie Sonnenbäder, liegen faul im Schlamm, lassen sich in kühlerem oder wärmerem Wasser treiben oder sperren das Maul zur Wärmeregulierung weit auf. All dies wird uns auf den folgenden Seiten dieses Kapitels veranschaulicht.

Obwohl sich die Bewegungen von Krokodilen keinesfalls als anmutig beschreiben ließen, haben die verschiedenen Arten dennoch einige sehr effiziente Methoden entwickelt, die ihren massigen, plumpen Leibern sowohl im Wasser als auch an Land eine bemerkenswerte Schnelligkeit verleihen. So mancher unvorsichtige Mensch war schon verblüfft, wie flink das Sumpfkrokodil im »Hochgang« (Abbildung Seite 73) laufen kann – eine Fortbewegungsweise, die es ihm erlaubt, große Strecken auf der Suche nach Futter oder Wasser zurückzulegen.

LINKS

Ein ganz wichtiger Faktor im Leben der Krokodile ist die Notwendigkeit, ihre Körpertemperatur zwischen bestimmten Grenzwerten konstant zu regulieren. Da sie über keinen inneren Kontrollmechanismus verfügen, müssen sie sich durch Sonnen und Baden abwechselnd aufwärmen oder abkühlen.

Den Kopf gereckt, die Kiefer halb geöffnet, zeigt ein Nilkrokodilmännchen das typische Imponierverhalten. Durch tiefes, heiseres Bellen oder Knurren hält es potentielle Rivalen auf Distanz. Kleinere Artgenossen dürften sich von diesem Uferbereich bereits zurückgezogen haben.

Beim Sonnenbaden am Ufer eines Flusses entfernt sich das Nilkrokodil tagsüber nur selten weit von seinem eigentlichen Element. Die Wärmeregulierung macht regelmäßige Aufenthalte dort zum Abkühlen unumgänglich. Die schlammige Rutschbahn am Ufer dient als kürzester Weg zum Wasser.

Die Haut eines Krokodilmauls ist von zahlreichen Blutgefäßen durchzogen. Beim Sonnenbaden mit offenem Maul steigt die Wärmeaustauschrate mit der Luft. So kann das Tier entweder überschüssige Wärme abgeben oder Wärme aufnehmen, wenn die Temperaturen klettern.

Je größer das Tier, desto langsamer reagiert es auf Veränderungen der Umgebungstemperatur. Ein stattliches Nilkrokodil muß sich unter Umständen mehrere Stunden lang sonnen, um nach der Frische der Nacht Wärme zu tanken.

RECHTS
Wenn die Sonne untergeht, kühlt das Wasser langsamer ab als die Luft. Um den Wärmeverlust gering zu halten, suchen Krokodile in der Abenddämmerung oft das Wasser auf.

Am frühen Morgen muß sich ein Krokodil mehrere Stunden lang der Sonnenwärme aussetzen, bis sein Körper die richtige »Betriebstemperatur« erreicht hat. Zu dieser Tageszeit mag es zwar träge erscheinen, doch Vorsicht: Wenn es gestört wird oder eine mögliche Beute auftaucht, kann es blitzschnell agieren.

Um während der heißesten Stunden des Tages Wärme abzugeben, sperren Krokodile nicht nur das Maul auf, sondern pressen auch ihren Körper fest gegen den feuchten Boden.

Unbewachsene Flußufer und die Ränder von Speicherseen bieten Plätzchen zum Sonnenbaden, von wo aus Sumpfkrokodile rasch zur Temperaturregulierung ins Wasser gleiten können. Wegen der Gefahr der Überhitzung entfernen sich kleinere Tiere tagsüber nur selten weit vom kühlenden Naß.

Der ideale Temperaturbereich des Leistenkrokodils beträgt am Tag achtundzwanzig bis dreißig und nachts fünfundzwanzig bis siebenundzwanzig Grad. In Neuguinea gräbt diese Art zur Trockenzeit tiefe Gruben, um an den fallenden Grundwasserspiegel zu gelangen. In Nordaustralien gibt es keinerlei Anzeichen für eine Winterruhe.

An Land hält sich das Neuguinea-Krokodil selten in der prallen Sonne auf, vielmehr bevorzugt es schattige Plätze. Die meiste Zeit des Tages verbringt es im Wasser, wo es hauptsächlich nach Vögeln wie Wasser- und Bläßhühnern jagt.

Beim Sonnenbaden absorbieren Alligatoren Wärme sowohl vom Boden als auch direkt von der Sonne. Hierbei wird die Durchblutung der Haut angeregt, um die Wärmeaufnahmefähigkeit zu steigern. Gewisse Anzeichen lassen vermuten, daß große Alligatoren fähig sind, ihre Körpertemperatur einige Grad über der des sie umgebenden Wassers zu halten – vermutlich, indem sie selbst Körperwärme produzieren.

Der Brillenkaiman zieht ruhige, offene Gewässer schnellströmenden, schattigen Flüssen vor. Obwohl vorwiegend ein Süßwasserbewohner, kommt diese Art auch in Trinidad und Tobago vor und zeigt sich gegenüber Salzwasser sehr resistent. Männchen werden etwa zweieinhalb Meter lang; Weibchen sind kleiner.

RECHTS

Zwischen Ende Oktober und Ende März verbringen China-Alligatoren die meiste Zeit in Bauen, die sie nahe am Wasser ins Ufer graben. Ein solcher Unterschlupf hat mehrere Eingänge und Kammern und kann sich über drei Meter weit unter der Erde erstrecken.

Beim Verlassen des Wassers hilft das Nilkrokodil oft mit den Hinterbeinen nach, um seinen massigen Körper das rutschige Ufer hinaufzubefördern.

Ein Sumpfkrokodil im »Hochgang«. Diese Art ist an Land beweglicher als die meisten anderen Krokodile und kann während der Trockenzeit weite Strecken auf der Suche nach Wasser zurücklegen.

Mit erhobenem Kopf im Wasser patrouillierend, markiert ein Sumpfkrokodilmännchen alljährlich im Dezember sein Revier, bereit für die Paarungszeit, die im Januar beginnt. Mit Kopfschlägen auf das Wasser signalisiert es den Rivalen, daß sie sich davonmachen sollen; gleichzeitig werden durch das Klatschen vorbeischwimmende Weibchen angelockt.

Jagd und Beutefang

Nur sehr wenige Tiere haben von einem ausgewachsenen Krokodil nichts zu befürchten für den Fall, daß sie sich in seine Reichweite wagen: Das Nilkrokodil erbeutet meist Zebras und Gnus, das Leistenkrokodil jagt Büffel und Känguruhs, und der Mississippi-Alligator überwältigt Waschbären und Jungrinder. Alle drei Arten können auch Menschen töten, und es vergeht kaum ein Jahr ohne einige tödliche Zwischenfälle.

Die wichtigste Jagdmethode der Krokodile besteht darin, sich lautlos unter Wasser bis auf wenige Meter an das ahnungslose Opfer heranzuschleichen und dann hervorzuschnellen, wobei sie oft erstaunlich behende noch mehrere Meter weit die Uferböschung hochlaufen. Einmal von den fürchterlichen Kiefern gepackt, wird die Beute meist nicht gleich totgebissen, sondern zum Wasser zurückgezerrt und dort ertränkt. Kleinere Beutetiere werden in der Regel durch eine blitzschnelle Seitwärtsbewegung der Schnauze geschnappt.

LINKS

Auf dem Speisezettel des China-Alligators stehen auch Frösche, doch diesen hier scheint das nicht zu kümmern.

UNTEN

Ein Nilkrokodil ertränkt eine Impala-Antilope. In schlammigen Flüssen und Wasserlöchern belauert das Krokodil Tiere beim Trinken, dann sucht es sich eine geeignete Stelle zum Angriff und nähert sich tauchend dem Ziel. Seine schemenhaften Bewegungen verraten sich nicht durch das leiseste Kräuseln im Wasser, wodurch das Opfer gewarnt wäre – bis zum letzten, gewaltigen Satz.

OBEN

Warzenschweine werden häufig an Wasserlöchern von lauernden Krokodilen geschnappt. Meist bricht schon der erste Angriff dem Opfer das Genick; überlebt es ihn, zerrt es das Krokodil in tieferes Wasser, wo es die Beute ertränkt.

Krokodile erwischen ihre Beute mit einer plötzlichen Seitwärtsbewegung des Kopfes. Selbst an Land sind Vögel nicht vor ihrem vermeintlich trägen Jäger sicher.

Große Sumpfkrokodile begnügen sich mitunter auch mit spärlicherem Futter. Hier wird ein Schwarm Jungfische überfallen. Für das Reptil lohnt sich die Sache besonders, wenn zudem größere Fische den Schwarm angreifen und so selbst zur Beute werden. In Krokodilmägen gefundene Insekten sind wohl oft erst von einem anderen Tier gefressen worden, das dann selbst dem Sumpfkrokodil in die Fänge geriet.

LINKS

Ein Sumpfkrokodil im Kampf mit einer Pythonschlange. Ausgewachsene Exemplare können Huftiere bis zur Größe von Sambarhirsch oder Gaur (dem indischen Bison) überwältigen. Im allgemeinen bilden jedoch Welse, Kleinsäuger und gelegentlich Vögel ihre Nahrung.

Das Sumpfkrokodil verschmäht auch Aas wie diesen im Fluß ertrunkenen Gaur nicht.

Dem Sumpfkrokodil wird oft nachgesagt, es vergreife sich auch an den Resten menschlicher Leichen, die von den Ghats (Stufen am Flußufer, von wo aus die Toten auf einem brennenden Floß ihre letzte Reise antreten) flußabwärts treiben. Es gibt keine Hinweise darauf, daß die Tiere durch diesen sporadischen Kontakt mit Menschenfleisch zu Menschenfressern werden.

Das Australien-Krokodil wird nur zweieinhalb Meter lang. Seine Nahrung besteht vorwiegend aus Amphibien, Reptilien und Fischen, gelegentlich auch aus Vögeln und Kleinsäugern. Es wartet lauernd auf vorbeikommende Beute, die es mit einer blitzschnellen Seitwärtsbewegung des Kopfs packt.

LINKS

Es wurde schon beobachtet, daß Sumpfkrokodile Vögel fraßen; allerdings sind die Aussichten, einen Kormoran durch Aufscheuchen eines Schwarms zu fangen, etwas dürftig. Trotzdem hat das Sumpfkrokodil aufgrund seiner Spurtstärke über kurze Distanzen eine gute Chance, ab und zu einen verletzten oder kranken Vogel zu erwischen.

Das Verbreitungsgebiet des Brillenkaimans erstreckt sich von Südmexiko bis ins subtropische Südamerika, der Grenzregion zwischen Paraguay und Argentinien. Er macht Jagd auf Schnecken und Frösche, aber auch auf Welse und Rehwild.

RECHTS
China-Alligatoren liegen oft den ganzen Tag über in Höhlen, die sie zum Überbrücken der trockenen Winter angelegt haben. Abends kommen sie heraus und suchen nach Schildkröten und Krustentieren; in Kulturregionen erbeuten sie nachts auch Küken und kleine Hunde.

Der Sundagavial kann bis zu fünfeinhalb Meter lang werden. Er lebt in den Sümpfen und Süßgewässern Borneos, Sumatras und der malaysischen Halbinsel. Sein Kieferbau deutet auf vorzugsweise fischreiche Nahrung hin, doch benutzen Jäger zum Fangen von Sundagavialen lebende Makaken als Köder, und hier und da wurde in freier Wildbahn ein solcher Affe am Ufer eines Flusses erbeutet.

OBEN

Ein Gavial hat über hundert Zähne, die zum Festhalten der Fische perfekt ineinandergreifen. Die schmalen Kiefer sind nicht sehr kräftig, können aber im Wasser rasch und präzise bewegt werden.

RECHTS

Nahaufnahme vom Gebiß eines Gavials. Bei diesem Trockenpräparat ist die Schrägstellung der Zähne sowie deren spitze, krallenartige Form deutlich erkennbar.

Verbreitung und Lebensraum

Obwohl sie mittlerweile in weiten Teilen ihres ehemaligen Verbreitungsgebiets ausgerottet sind, bevölkern auch heute noch Krokodilarten – wenngleich in kleinerer Zahl und in engeren Gemeinschaften – viele Regionen der Erde: von China, Südostasien, dem indischen Subkontinent und Südamerika bis Nordamerika, Australien und Afrika. Ihr Vorkommen ist auf die tropischen und subtropischen Zonen dieser Länder und Kontinente begrenzt, denn mit Ausnahme des etwas wetterhärteren Mississippi-Alligators können Krokodile dort, wo die Temperatur regelmäßig unter zehn bis fünfzehn Grad Celsius absinkt, nicht existieren.

Die von den einzelnen Arten besiedelten Gebiete sind zahlreich und mannigfaltig. Sie reichen von den Ufern des gemächlich dahinfließenden Ganges unterhalb der prachtvollen Kulisse des Himalaja über die unheimlich stillen Sümpfe der Everglades in Florida bis zu den tosenden Brechern und einsamen Stränden der nordaustralischen Küste. All das und noch vieles mehr zeigt das folgende Kapitel.

LINKS

Das Orinoko-Krokodil ist ein Bewohner des Süßwassers. Auf der Suche nach stillen Tümpeln abseits der reißenden Flüsse wandert es während der Regenzeit übers Land. Die in Trinidad lebenden Exemplare gelangten wahrscheinlich als »passive Wanderer« – auf Pflanzenmaterial treibend – aus dem Mündungsgebiet des Orinoko auf die Insel vor der Küste Venezuelas.

Die kalte Jahreszeit verbringen Nilkrokodile in Bauen, die sie am Ufer eines Wasserlaufs gegraben haben. Häufig beherbergt eine solche Höhle mehrere Bewohner, die sich die Grabarbeit geteilt haben. Die Erde wird portionsweise zwischen den Zähnen zum Fluß hinabgeschafft, wo sich die Tiere durch Schlenkern des Kopfes unter Wasser das Maul auswaschen. Manchmal jedoch wirft das größte Tier anschließend die übrigen hinaus und macht sich allein in seiner neuen Behausung breit. Hier streckt solch ein dominantes Männchen gerade seine Nase aus einem Bau, der vielleicht in Teamarbeit entstanden ist, in die warme Luft, bevor es sein Revier erkundet.

Leistenkrokodile haben ein enorm großes Verbreitungsgebiet. Es erstreckt sich von Cochin an der Westküste Indiens über Bangladesch, die Philippinen, Indonesien, Neuguinea und Nordaustralien bis zu den Fidschiinseln. Sie können unbegrenzte Zeit im Salzwasser leben und große Entfernungen schwimmend zurücklegen.

Das Australien-Krokodil wird allgemein als Süßwasserspezies bezeichnet, obwohl es einen recht hohen Salzgehalt vertragen kann. Sein Vorkommen ist auf das Landesinnere Nord-australiens beschränkt, da die näher am Meer gelegenen Bereiche vom größeren Leistenkrokodil besetzt sind. Wo dieses ausgerottet wurde, rückt das Australien-Krokodil in Brackwasser-zonen nach.

Ein Australien-Krokodil in Belli Glen Gorge, Nordterritorium. Während der Trockenzeit können einzelne Tiere auf der Suche nach einsam gelegenen Tümpeln beträchtliche Entfernungen an Land überbrücken. Bis zu vierzig Kilometer weit kehren sie zu einem im Vorjahr bewohnten Wasserloch zurück.

Das Siam-Krokodil wird rund dreieinhalb Meter lang. Es bevölkert Flußlandschaften in Regenwäldern sowie nahegelegene Sümpfe und Lagunen. Seine Nahrung soll hauptsächlich aus Fischen bestehen, doch seine breite Schnauze deutet eher auf einen Allesfresser hin.

Das Beulenkrokodil ist in Ostmexiko, Belize und Nordguatemala heimisch. Diese Süßwasserart meidet große Flüsse, sie fühlt sich vielmehr in Savannenteichen, Seen und Sumpfgebieten des Regenwalds am wohlsten. Sie wird etwa drei Meter lang.

Das Spitzkrokodil ist, was die Temperatur betrifft, sehr heikel: In Wasser von weniger als achtzehn Grad Celsius wird es starr und ertrinkt. Es kann im Salz- wie im Süßwasser leben und erreicht eine Länge von ungefähr fünf Metern. Durch intensive Bejagung ist es nun in seinem ganzen Verbreitungsgebiet sehr selten.

Das nicht mal zwei Meter lange, massiv gepanzerte Stumpfkrokodil gilt als primitiv. Es lebt vorwiegend in Sümpfen und ruhigen Flußläufen der Regenwaldgebiete West- und Zentralafrikas.

In den von Alligatoren gegrabenen, bis zu acht Meter großen Löchern hält sich auch während der Trockenzeit das Wasser, in dem sich die Reptilien während der Hitze des Tages abkühlen. Bei Trockenheit sind die (hoffentlich unbenutzten) Alligatorlöcher für viele andere Tiere ein willkommenes Refugium.

RECHTS

In den Zwergzypressensümpfen der Everglades Floridas ist ein Mississippi-Alligator mit seinem Wasserloch beschäftigt. Das Weibchen gräbt den Tümpel nahe beim Nest; dorthin bringt es die frisch geschlüpften Jungen, wo sie vor Freßfeinden sicherer sind.

Die Hochburg des Gangesgavials sind die Nebenflüsse des Ganges, so auch jene, die das Tarai, eine sumpfige Dschungelebene im Süden Nepals, bewässern. Aufgrund rücksichtsloser Verfolgung haben seine Bestände sich dramatisch verringert, obwohl er für die Einheimischen nützlich ist: Er vertilgt Welse, die ihrerseits großen Schaden in den wichtigen Barsch-Fischgründen anrichten.

Vor der majestätischen Kulisse des Himalaja sonnt sich ein Gangesgavial im Royal Chitwan-Nationalpark auf einer Sandbank. Die Art ist hauptsächlich deswegen bedroht, weil die Einheimischen ihre Eier als Nahrungsmittel sammeln; außerdem ertrinken mitunter Tiere in Fischernetzen. In Pakistan wird der Gangesgavial wegen seiner Haut gejagt.

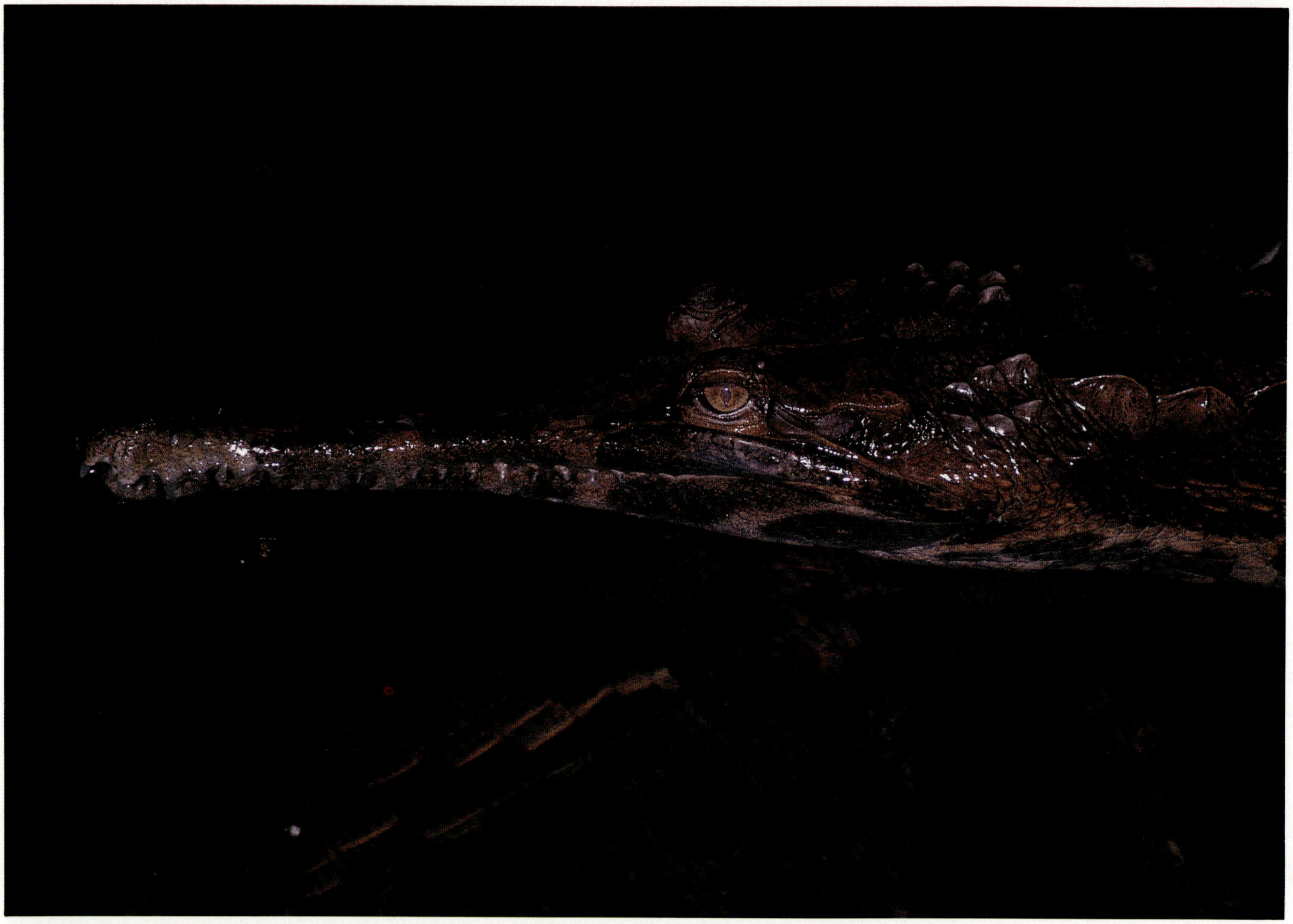

Gaviale leben vorzugsweise in tiefen, schnellen Fließgewässern. Sie sind nicht eben stromlinienförmig und daher keine guten Schwimmer, aber ihre schmalen Kiefer erweisen sich als ideal hinsichtlich ihrer Freßgewohnheiten: Sobald eine Beute in Reichweite gerät, schnappen die Kiefer blitzschnell seitlich zu.

RECHTS

Das Leistenkrokodil kann weit ins Landesinnere vordringen, wo es das Australien-Krokodil aus Flüssen und Feuchtgebieten verdrängt. Jenes blieb bis zur Dezimierung des Leistenkrokodils nur auf sein Verbreitungsgebiet beschränkt.

Krokodile und der Mensch

Obschon wir dem Krokodil mit Furcht begegnen, ist der Schaden, den es uns zugefügt hat, vergleichsweise winzig hinsichtlich der Vernichtung, die der Mensch über die Krokodile der Welt gebracht hat. Getrieben von Angst, Rache, Gier und leider auch purer Boshaftigkeit, hat er ganze Krokodilpopulationen ausgelöscht oder sie aus ihrem sicheren, angestammten Lebensraum vertrieben. Die Folge davon ist, daß ihre Zahl und Körpergröße in unnatürlichen Umgebungen immer weiter abnimmt (die meisten Arten werden heute nicht mehr annähernd so groß wie jene Prachtexemplare, die man bis vor kurzem noch finden konnte).

Zum Glück hat in den letzten Jahren ein Meinungswandel eingesetzt. In vielen Gegenden sollen nun Gesetze, korrekt angewandt, für den Schutz der Krokodile sorgen – die Mehrzahl der Arten wird offiziell in der Roten Liste der bedrohten Tierarten geführt. Angesichts des Anstiegs bei der kommerziellen Aufzucht – die im folgenden untersucht wird und die bei sorgfältiger Durchführung für den Naturschutz viele Vorteile mit sich bringen kann – und der dem Zeitgeist entsprechenden, allgemeinen Abneigung gegen das Tragen und Verwenden von Tierhäuten besteht vielleicht doch noch Hoffnung für die Zukunft.

LINKS
Der China-Alligator ist eine bedrohte Art, die nur noch in einem kleinen Gebiet abseits der menschlichen Massenansiedlungen Chinas ihr Dasein fristet.

OBEN

Der abstoßende Schädel eines Veteranen. Ein ausgewachsenes Nilkrokodil hat weder natürliche Feinde auf der Welt noch irgendein großes Bedürfnis nach Freunden. Erschwert wird der Schutz der Krokodile durch das Bild vom grausamen Menschenfresser.

LINKS

Ein junges Nilkrokodil ist eine bessere Werbung für seine Art. Die leuchtenden Augen, niedlichen Zähne und schöne Färbung machen es für die Allgemeinheit attraktiver als jenes »Ungeheuer«, zu dem es sich entwickeln wird – wenn es überhaupt die Chance dazu hat.

Das Nilkrokodil war im Nildelta schon um 1700 ausgestorben und kam südlich von Assuan um 1900 nur noch selten vor. Außer in einigen gut geführten Nationalparks ist es in ganz Afrika durch die Jagd bedroht.

LINKS
In den zwanziger Jahren war das Beulenkrokodil um Belize City sehr verbreitet. Seitdem ging sein Bestand durch Bejagung und die Zerstörung seines Lebensbereichs so weit zurück, daß man es heute nur sehr selten antrifft.

RECHTE SEITE
Das Orinoko-Krokodil steht im Ruf, auch Menschen anzugreifen. Die geringe Größe der heutigen Exemplare macht dies allerdings inzwischen unwahrscheinlich. Im Jahr 1800 geschossene Tiere maßen fünf bis sechs Meter; in unserem Jahrhundert übertraf bislang keines mehr die Vier-Meter-Marke.

RECHTS
Ein altes Sumpfkrokodil beim Sonnenbad. Es wird kaum länger als fünf Meter. Die meisten sind viel kleiner aufgrund des Jagddrucks: Größere Tiere sind die bevorzugte Beute von Wilderern, weil sie breitere Häute liefern.

Der Mississippi-Alligator ist groß und stark genug, einen erwachsenen Mann ins Wasser zu zerren. Im Lauf der Besiedlung der amerikanischen Südstaaten wurden die Alligatoren in ihrem gesamten Verbreitungsgebiet bejagt und infolgedessen sehr scheu. In jenen Staaten, wo nach dem Zweiten Weltkrieg Schutzgesetze in Kraft traten, verloren die Tiere ihre Angst und gewannen auch gegenüber den Menschen ihre alte Aggressivität zurück.

Der Gavial gilt trotz seiner Länge von stellenweise mehr als sechs Metern als harmlos. Seine lange, schmale Schnauze führt uns die extreme Entwicklung des fischfressenden Krokodils vor Augen, bei der Kraft zugunsten von Beweglichkeit im Wasser geopfert wird.

Als die ersten europäischen Siedler nach Nordamerika kamen, waren die Alligatoren vom heutigen Osttexas bis zur Südostspitze Virginias sehr verbreitet. Ihr bevorzugter Lebensraum waren die weiten Sumpfgebiete entlang der Ostküste, die für die Siedler Orte des Schreckens wurden.

In Gefangenschaft werden Alligatoren Menschen gegenüber zunehmend aggressiv – vermutlich, weil sie lernen, daß sie von ihnen nichts mehr zu befürchten haben. In der Wildnis sind sie hingegen fast überall scheu und zurückhaltend; die Geschichte ihrer Verfolgung hat sich ihnen nachhaltig eingeprägt.

Der China-Alligator ist der engste Verwandte des Mississippi-Alligators. Er wird nur halb so groß; heutige Exemplare erreichen gerade mal Längen von anderthalb Metern; in historischen Zeiten kamen die Tiere nachweislich auf eine Länge von drei Metern. Die Verfolgung durch Jäger, meistens zur Sicherung von frisch entwässertem Farmland, hat die Lebenserwartung fast aller Krokodile gesenkt.

RECHTS

Der China-Alligator kommt heute vorwiegend in hügeligem Grasland mit Tümpeln in Höhen von rund hundert Metern über dem Meeresspiegel vor, wohin er durch die Landwirtschaft aus den Küstenebenen vertrieben wurde. Die wenigen Individuen im Tiefland sind durch Landentwässerung sowie den Einsatz giftiger Dünge- und Pflanzenschutzmittel bedroht.

Die Ausbeutung der Krokodilpopulationen im großen Stil wegen ihrer Häute hatte bei fast allen Arten einen dramatischen Rückgang zur Folge. Die weichere Haut an Bauch und Flanken läßt sich am besten verkaufen; man fertigt daraus Schuhe, Gürtel, Handtaschen, Koffer und Uhrenarmbänder. In jüngster Zeit sind »Managerkalender«, in edles Kroko- oder Alligatorleder gebunden, bei der gedankenlosen Schickeria groß in Mode. Krokodilpopulationen wachsen nur sehr langsam: Sie vermögen sich nicht mehr von der starken Bejagung zu erholen, die durch den gewinnträchtigen Handel mit ihren Häuten noch gefördert wird.

Die Haut eines Leistenkrokodils.

Aus Wildeiern frisch geschlüpfte Neuguinea-Krokodile.

LINKS
Junge Australien-Krokodile auf einer Krokodilfarm in Darwin, Australien.

Heranwachsende Neuguinea-Krokodile auf einer Farm bei Port Moresby, Papua-Neuguinea.

RECHTS

Zuchtbetriebe für Mississippi-Alligatoren erhalten ihre Zulassung unter der Bedingung, daß sie einen Teil der Jungtiere wieder in die Freiheit entlassen.

Die Haut eines Mississippi-Alligators.

In der Wildnis erreichen nur zwei bis drei Prozent aller geschlüpften Jungtiere das Erwachsenenalter. In Krokodilfarmen besteht eine Möglichkeit, diese Verluste zu senken, da die Eier vor Freßfeinden, Kannibalismus und den Unbilden des Wetters geschützt sind. Eine der beiden Methoden der Krokodilzucht, bei der die in Gefangenschaft gelegten Eier ausgebrütet werden, trägt mehr zum Naturschutz bei. Staatlich genehmigte Farmen, die Eier aus Wildnestern entnehmen und bebrüten, sind verpflichtet, einen Teil der Jungtiere wieder auszusetzen. Leider ist diese Maßnahme für die Züchter wegen der niedrigen Vergütung hierfür oft unattraktiv.

RECHTS
Das Siam-Krokodil wird seiner Haut, aber auch des Fleisches wegen bejagt. In der Wildnis ist es heute nahezu ausgestorben, wogegen seine Zucht auf Krokodilfarmen erfolgreich verläuft.

Stichwortverzeichnis

Fettgedruckte Ziffern verweisen auf Fotos.